Graphische Tafeln
zur
Beurteilung statistischer Zahlen

Von

Prof. Dr. phil. Dr. med. Siegfried Koller

Mit 6 Abbildungen und 15 Tafeln (darunter 4 Bildtafeln in Lichtdruck)

3. ergänzte Auflage

1953

VERLAG VON DR. DIETRICH STEINKOPFF

DARMSTADT

ISBN 978-3-642-53345-7   ISBN 978-3-642-53385-3 (eBook)
DOI 10.1007/978-3-642-53385-3

Alle Rechte vorbehalten

Copyright 1953 by Dr. Dietrich Steinkopff, Darmstadt

Softcover reprint of the hardcover 3rd edition 1953

Meiner Frau

Vorwort

Statistische Zahlen treten in jedem Wissensgebiet reichlich und überreichlich auf. Die Beurteilung solcher Zahlen ist eine alltägliche Aufgabe nicht nur von Wissenschaftlern, sondern gerade auch von Männern des praktischen Lebens. Statistische Zahlen hängen neben ihrer — hier nicht zu erörternden — sachlichen Richtigkeit entscheidend von der Größe des verarbeiteten Beobachtungsmaterials ab. Aus kleinen Zahlenreihen *können* gar keine feineren Besonderheiten erkannt werden, nur die gröbsten Befunde sind hier sicher; erst mit steigenden Beobachtungszahlen wächst allmählich die Möglichkeit, in die Feinheiten einzudringen. Ein Bereich „zufälliger" Schwankungen muß bei jeder Statistik in Rechnung gestellt werden; bei kleinem Material ist dieser Bereich relativ groß, bei großem Material klein. Die Kenntnis dieses Bereiches ist eine unbedingte Voraussetzung für die richtige Beurteilung statistischer Zahlen; ohne diese Kenntnis sind folgenschwere Fehlschlüsse unvermeidlich.

Bisher ging der Weg zur Erkennung des Zufallsbereichs statistischer Zahlen ausschließlich über kürzere oder längere Berechnungen, die nach den Formeln der statistischen Fehlerrechnung durchgeführt wurden. Bei der Anwendung der Formeln hat sich eine Reihe von Mißständen ergeben, indem für gewisse Aufgaben vielfach unrichtige Formeln gebraucht wurden. Dies ist z. B. bei der Beurteilung empirisch gewonnener Häufigkeitsziffern der Fall, ferner bei Korrelationskoeffizienten u. a. Besonders störend war die Tatsache, daß die Fehlerrechnung völlig auf große Beobachtungsreihen abgestellt war. In den vielen, praktisch oft sehr wichtigen Fällen, in denen die Tragweite der auf nur wenigen Beobachtungen beruhenden Ergebnisse beurteilt werden mußte, pflegte man trotzdem die Großzahl-Formeln zu benutzen, und zwar oft ohne jeden Anhaltspunkt darüber, wie zuverlässig die Beurteilung noch war. Gerade die am häufigsten vorkommenden Aufgaben waren dabei am meisten vernachlässigt. Wenn z. B. unter 10 Fällen einmal eine bestimmte Beobachtung gemacht wurde, in einer Vergleichsreihe von 20 Fällen dagegen elfmal, so bestand für den Praktiker einfach keine Möglichkeit, zu beurteilen, ob ein solcher Unterschied in Anbetracht der Kleinheit des Materials noch in den Bereich der „Zufallsschwankungen" fällt, oder ob der Befund auf einen wirklichen Unterschied zwischen den verglichenen Reihen schließen läßt. Bei der Verbreitung und praktischen Wichtigkeit gerade solcher einfachen Fragen verlangte der bisherige Zustand dringend nach einer Verbesserung.

In der vorliegenden Tafelsammlung sollen diese Schwierigkeiten überwunden werden. Jeder, der statistische Zahlen nach dem Materialumfang beurteilen will, soll die Möglichkeit dazu durch eine einfache Ablesung an einer graphischen Tafel haben. Formelrechnungen fallen dabei soweit fort, wie es nur irgend möglich ist. Die Gültigkeit der Tafeln erstreckt sich bis zur kleinsten Statistik über ganz wenige Fälle. Asymptotische Formeln, die große Zahlen voraussetzen sind nur innerhalb des für die graphische Darstellung ausreichenden Genauigkeitsbereiches benutzt worden.

Neben der Vereinfachung der praktischen Anwendung statistischer Methoden wird das zweite, nicht minder wichtige Ziel verfolgt, an allen Stellen den logischen und sachlichen Sinn der Zahlenprüfungen deutlich zu machen. Es ist bekannt, daß nicht selten die Anwendung der Fehlerrechnung in einen starren und gedankenlosen Schematismus ausartet, der genau so gefährlich ist wie die völlige Vernachlässigung der Zahlenprüfungen auf der anderen Seite.

Die Tafelsammlung enthält neben Hilfs-Rechentafeln, die an Stelle eines Rechenschiebers benutzt werden können, in Abschnitt II zunächst Tafeln für die praktisch häufigsten Aufgaben, nämlich die Beurteilung von Prozentzahlen (Häufigkeiten). Kenntnis der Methoden wissenschaftlicher Statistik ist hier weder für die Fragestellung noch für die Benutzung der Tafeln notwendig. Die Tafeln der weiteren Abschnitte, die zur Beurteilung von Mittelwerten, Häufigkeitsverteilungen, Korrelationen usw. dienen, erfordern, daß der Benutzer wenigstens den Mittelwert, die mittlere Abweichung, den Korrelationskoeffizienten o. a. an dem zu beurteilenden Material berechnet hat bzw. kennt. Die Fragen, auf die

die einzelnen Tafeln numerisch Antwort geben, entsprechen den allgemeinen Standardmethoden der statistischen Zahlenkritik, die für alle Anwendungsgebiete gleichmäßig gültig sind. Spezielle statistische Methoden einzelner Gebiete, etwa der Erbstatistik, sind nicht in die Sammlung aufgenommen.

Die vorliegende Tafelsammlung ist kein Lehrbuch der Statistik. Von theoretischen Grundlagen und praktischen Anweisungen ist nur soviel aufgenommen, wie zum Verständnis des Sinnes der Methoden und zu ihrer praktischen Durchführung notwendig ist.

Um eine möglichst gute Übersichtlichkeit der Tafeln zu erreichen, ist folgende allgemeine Darstellungsform gewählt worden: Den auf der rechten Buchseite stehenden Tafeln ist links die zugehörige Fragestellung und Antwort — logisch exakt formuliert — mit einigen der Praxis entsprechenden Beispielen[1]) gegenübergestellt. Die mathematische Begründung der Methoden ist auf der folgenden Seite angefügt. Für die zuverlässige Anwendung der Tafeln reicht das Verständnis des logischen Kerns der Methoden völlig aus; die mathematischen Formulierungen können von dem nicht daran Interessierten ohne Schaden übergangen werden.

Für die Wahl der graphischen Darstellung an Stelle der Tabellenform waren die außerordentlichen Vorzüge der ersteren entscheidend. Die größere Übersichtlichkeit, die Zusammendrängung auf einen erheblich kleineren Raum und vor allem die unmittelbare Abschätzung aller Zwischenwerte ohne jede rechnerische Interpolation machen eine Sammlung graphischer Tafeln handlicher, bequemer und schneller im Gebrauch als Zahlentafeln. Bei Aufgaben, die nur für eine kleine Reihe fester Zahlen ohne Zwischenwerte vorkommen, ist die Zahlentabelle überlegen und demgemäß an drei Stellen (Nr. 7, 9 und 10) auch angewandt worden.

Die graphische Darstellung ist in drei Arten durchgeführt worden. Beziehungen zwischen zwei Variablen sind als Doppelskalen wiedergegeben, da hier eine hohe Zeichen- und Ablesegenauigkeit erreichbar ist. Tafeln mit drei Variablen sind nach Möglichkeit als Fluchtlinientafeln dargestellt, an denen die Ablesung mittels eines Lineals erfolgt[2]). In Tafel 3, 4, 5, 13 sind Kurvenscharen auf einem rechtwinkligen Koordinatennetz gezeichnet. Ein 4-Variablenproblem wurde durch eine Fluchtlinientafel dargestellt (Nr. 12), ein anderes in eine Netz- und eine Fluchtlinientafel (Nr. 5 und 6) zerlegt. Die Zeichengenauigkeit ist soweit getrieben, wie es irgend möglich war. Erstrebt wurde die Vermeidung jeden bei Betrachtung mit bloßem Auge erkennbaren Fehlers. Erreicht wurde wohl an allen Stellen die Vermeidung von Fehlern, die wesentlich größer sind als die Dicke der Zeichenstriche. Für die Mitteilung von gröberen Fehlern, die trotz aller Sorgfalt unterlaufen sein sollten, bin ich stets dankbar.

Die Zeichnungen der Tafeln hat Herr Th. Dietz mit großer Mühe und Sorgfalt durchgeführt, wofür ihm auch an dieser Stelle besonders gedankt sei. Ferner danke ich Fräulein Stud.-Ass. Dr. M. P. Geppert für ihre Mitarbeit bei der Durchprüfung der Tafeln. Besondern Dank schulde ich auch Herrn Dr. D. Steinkopff für seine vielfachen Bemühungen um die einwandfreie Wiedergabe der schwierig zu druckenden Tafeln und für das große Entgegenkommen des Verlages bei meinen vielen Sonderwünschen für Druck und Ausstattung des Buches.

Bad Nauheim, Dezember 1939.   Siegfried Koller.

---

[1]) Die Beispiele sind entweder der Praxis unmittelbar entnommen oder entsprechend den Bedürfnissen der Praxis konstruiert.

[2]) Man benutzt zweckmäßig ein durchsichtiges Zelluloidlineal oder -dreieck, auf dessen Unterseite in der Mitte ein dünner gerader Strich eingeritzt ist. Die Kante eines Holzlineals ist zu genauen Ablesungen ungeeignet, aber auch die Kante eines durchsichtigen Zelluloidlineals ist bei genauer Interpolation unsicher. Durch Vergleichsablesungen am ungedrehten Lineal kann man sich leicht überzeugen, ob der Ablesungsstrich ausreichend geradlinig ist. — Als genauestes Hilfsmittel ist ein Glaslineal mit eingeritztem Strich anzusehen. Als Behelf sei die Benutzung eines straff gespannten dünnen Fadens empfohlen.

Mit Rücksicht auf die bequeme Benutzbarkeit und exakte Lesbarkeit der Fluchtlinien-Tafeln ist eine besondere Einband-Art gewählt worden, wodurch es ermöglicht wird, das flach auf dem Rücken liegende Buch jederzeit zum Ablesen mit einem Lineal zu benutzen.

Aus dem Vorwort zur zweiten Auflage

Die lebhafte Zustimmung, die das Buch bei seinem Erscheinen in zahlreichen interessierten Kreisen der Wissenschaft vieler Disziplinen und auch in der Praxis gefunden hat, bestätigt die Richtigkeit des Planes, durch eine Sammlung graphischer Tafeln einfache Grundlagen zur Beurteilung statistischer Zahlen verfügbar zu machen. Gleichzeitig ist inzwischen auch die praktische Brauchbarkeit des Verfahrens ausreichend unter Beweis gestellt worden.

Das graphische Verfahren muß erfahrungsgemäß oft gewisse Widerstände überwinden, ehe es als Arbeitsgrundlage angenommen wird. Die gewohnte tabellarische Zahlenwiedergabe hat den Vorteil, daß das Ergebnis bequem abzulesen ist, sobald die gesuchte Zahl unmittelbar angegeben ist. Deshalb mag die graphische Darstellung auf den ersten Blick nicht immer ansprechen; doch pflegen ihre Vorzüge sehr schnell bei einigen praktischen Versuchen mit beliebigen, eine Interpolation erfordernden Zahlen anerkannt zu werden. Als letzten Einwand pflegt der Zweifler dann die Frage nach der Genauigkeit zu stellen, und er vergleicht die beschränkte graphische Zeichen- und Ablesegenauigkeit mit der unbeschränkten Möglichkeit, beliebig viele Dezimalstellen bei Formelberechnung anzugeben. Dieser Vergleich kann bei Unerfahrenen zunächst den Eindruck einer mangelhaften Genauigkeit der Tafeln hervorrufen. Tatsächlich ist aber bei den meisten statistischen Zahlenvergleichen keine große Genauigkeit für die Berechnung der Zufallsgrenzen erforderlich, ja sie stände sogar im Widerspruch zu der Anwendungsregel, daß man nur die wesentliche Über- oder Unterschreitung des Zufallsbereiches als sicheres Ergebnis zu werten hat. Außerdem hat sich schon allzuoft gezeigt, daß gerade die formelmäßige Berechnung der Zufallsgrenzen zur Angabe zu vieler Dezimalstellen verleitet, die in krassem Mißverhältnis zu Umfang und Genauigkeit des Materials und gelegentlich auch zur Tragweite der zugrunde gelegten Formel stehen. Der praktisch notwendige Grad der Zeichen- und Ablesegenauigkeit wird in den Tafeln durchweg erreicht, meist sogar überschritten. Eine größere Genauigkeit von Formelrechnungen wäre Scheingenauigkeit.

Als Beispiel für die Abstufung der Genauigkeit der Tafeln nach den praktischen Erfordernissen sei Tafel 3 angeführt. Bei einer Grundwahrscheinlichkeit von 10% ist für eine Beobachtungsreihe von 10 Fällen die „obere Grenze des Zufallsbereiches" bei $10\% + 42\%$ abzulesen. Eine weitere Dezimalstelle, etwa $42{,}2\%$, ist nicht mehr ganz sicher abzulesen. Welche Genauigkeit ist nun praktisch in diesem Fall erforderlich? Bei 10 Beobachtungen könnten 4 oder 5 oder 6 von der erwarteten Art sein, also 40%, 50%, 60%. Praktisch ist also nur notwendig, festzustellen, daß 50% noch innerhalb, 60% aber außerhalb des „Zufallsbereiches" liegen; die Ablesung $10\% + 42\% = 52\%$ ist also mehr als ausreichend. — Bei einer Reihe von 10000 Fällen liest man die „obere Zufallsgrenze" mit ausreichender Genauigkeit bei $10\% + 0{,}91\%$ ab. Dies bedeutet, daß 1091 Fälle innerhalb, 1092 Fälle dagegen bereits außerhalb der „Zufallsgrenzen" liegen. Auch hier entspricht die Ablesegenauigkeit allen Anforderungen.

Sachliche Kritik ist zwar an mehreren Punkten erhoben worden, geht aber meist unter Verkennung des Sachverhaltes am wirklichen Kern des Problems vorbei oder beruht sogar vollständig auf Mißverständnissen.

Dies gilt für die Einwendungen gegen Tafel 4 (Rückschluß von einer Häufigkeit), bei der den von Prigge und v. Schelling im Schrifttum vertretenen Prinzipien in vollem Ausmaß Rechnung getragen ist, was den Kritikern offenbar entgangen war. Die vorgenommene Sonderbehandlung des Nullergebnisses ist vereinzelt als willkürlich beanstandet worden. Andere in Frage kommende Lösungen sind jedoch ebenfalls nicht willkürfrei und können nicht als überlegen anerkannt werden.

An Tafel 5 und 6 (Differenz zweier Häufigkeiten) ist kritisiert worden, daß die abzulesenden Hilfsgrößen im allgemeinen zahlenmäßig verschieden ausfallen, wenn man in einem Beispiel einmal von der einen, einmal von der anderen Häufigkeit ausgeht. Dies ist praktisch belanglos, denn es ist nur wichtig, daß die Ablesungen dann gleich sind, wenn die Differenz der beiden Häufigkeiten mit dem Zufallsbereich zusammenfällt. In allen anderen Fällen stimmen trotz eines gewissen Zahlenunterschiedes die Ergebnisse, auf die es gemäß der Zielsetzung einzig ankommt, nämlich die Ober- oder Unterschreitung des Zufallsbereiches, bei allen Ablesungsarten widerspruchsfrei überein. Eine Darstellungsart, die das Problem mit einer einzigen Tafel ohne Hilfstafel bzw. Nebenrechnung löst, ist nicht bekanntgeworden. Der zur Lösung des Differenzproblems benutzte Ansatz ist vor allem im Hinblick auf seine logische Einfachheit und Übersichtlichkeit (vgl. auch S. 3/4) gewählt worden. Die Unterschiede zu anderen Verfahren sind, wie Frl. Dr. M. P. Geppert in einer ausführlichen Untersuchung gezeigt hat, zahlenmäßig unerheblich, so daß die Tafeln praktisch auch von dem benutzt werden können, der einen anderen Wahrscheinlichkeitsansatz bevorzugt.

Von einer in der Technik tätigen Arbeitsgruppe (Daeves u. a.) sind die Voraussetzungen, die den Tafeln zugrunde liegen, zu eng dargestellt worden. Es ist nicht richtig, daß die Tafeln nur in den Fällen, in denen von vornherein mit Sicherheit Gaußsche Normalkollektive vorliegen, angewandt werden dürften. Die Behandlung von Beispiel 18, in dem zwei Zahlenreihen über die Zerreißfestigkeit von Stählen verglichen werden, ist berechtigt und liefert durch die Berücksichtigung der möglichen Zufallsschwankungen ein sicheres Urteil über einen echten, d. h. nicht durch Zufälligkeit vorgetäuschten Unterschied der beiden Reihen, der seinerseits durchaus durch Inhomogenität der einen oder auch beider Reihen bedingt sein kann. Die demgegenüber empfohlene Methode der Zerlegung der Verteilungen in Gaußsche Kollektive berücksichtigt den Bereich der möglichen Zufallsschwankungen praktisch gar nicht und kann daher die durchgeführte Zahlenprüfung auch nicht ersetzen. So wichtig in vielen Fällen eine Kurvenzerlegung auch ist, eine Zufallsprüfung der Zahlen muß grundsätzlich mit ihr verbunden sein, wenn man zu gesicherten Folgerungen kommen will.

Die zweite Auflage unterscheidet sich von der ersten nur durch wenige textliche Zusätze; drei Beispiele sind zur Ergänzung der bisherigen neu hinzugefügt worden (Beispiel 7a, 7b, 13a auf S. 28, 43 und 36); für einige Extremfälle der Tafel 6, zu deren Lösung die Darstellung nicht ausgereicht hatte, ist ein anderes Verfahren angegeben worden (S. 32 Anm. 2).

Berlin, Mai 1942.

Siegfried Koller.

Vorwort zur dritten Auflage

In den zehn Jahren, die seit dem Erscheinen der zweiten Auflage vergangen sind, haben die Methoden der mathematischen Statistik eine erfreuliche Verbreitung und auch eine erhebliche Ausweitung und Vertiefung, besonders durch englische und amerikanische Autoren, erfahren. Diese Entwicklung ist vor allem der Vielseitigkeit und Präzision des dem Fachmann zur Verfügung stehenden methodischen Rüstzeugs zugute gekommen, das er elastisch dem jeweiligen Einzelfall anpassen kann.

Die „Graphischen Tafeln" wenden sich in erster Linie an den Nicht-Fachmann der mathematischen Statistik, der auf seinem Arbeitsgebiet statistische Zahlen und ihre Zufallsschwankungen prüft. Er will aus der Vielfalt der möglichen statistischen Verfahren einige wenige bewährte Standardmethoden anwenden, die ihn möglichst zuverlässig vor Überraschungen sichern, die durch größere Zufallsabweichungen vorkommen können. Der starre Rahmen der 3-Sigma-Grenzen oder ihrer auf die gleiche Wahrscheinlichkeit (0,27%) bezogenen Äquivalente, wie sie durch lange Tradition in Deutschland eingebürgert sind und auch diesen Tafeln zugrunde gelegt sind, wird dieser Aufgabe am besten gerecht. Die im angelsächsischen Schrifttum bevorzugten weniger scharfen 5%- und 1%-Grenzen sind wohl für manche statistische Routinearbeiten durchaus zweckmäßig. Für die Beurteilung einer Einzelstatistik aber, bei der die Anerkennung eines Unterschiedes weitreichende Folgen nach sich ziehen kann, geben sie nur etwa die Größenordnung eines Indifferenzbereiches an, in dem man einerseits noch mit dem Vorkommen von Zufallsschwankungen rechnen muß, andererseits aber die Vermutung eines echten Unterschiedes schon naheliegt. Faßt man diesen Bereich um etwa 5% bis 1% als einen solchen eine sichere Urteilsbildung nicht zulassenden breiten Indifferenzstreifen auf, so wird das Verständnis für den Sinn der Grenzziehung sehr erleichtert. Das Überschreiten der 3-Sigma-Grenze ist dann in diesem Sinne als deutliche Überschreitung auch des Indifferenzbereiches anzusehen — gleichbedeutend mit der Anerkennung eines echten Unterschiedes.

Ein wesentlicher Teil der neueren methodischen Verfeinerungen dient der logischen und mathematischen Präzisierung der in der Praxis vorherrschenden Rückschlußprobleme von einer Stichprobe auf die zugrundeliegende Gesamtheit. Die Grundlage bilden die „confidence limits" der angelsächsischen Literatur, im Deutschen oft als Mutungs- oder Vertrauensgrenzen bezeichnet. Es sei hier wiederum darauf hingewiesen, daß diese Abgrenzungsprinzipien auch die Basis der vorliegenden Tafeln bilden, wenn auch diese Bezeichnungen nicht benutzt wurden.

Tafeln und Text sind — bis auf die Berichtigung unwesentlicher Druckfehler — unverändert beibehalten worden. Auf S. 27 ist neu ein graphisches Arbeitsverfahren für den bisher nicht berücksichtigten Fall der Beurteilung von Stichprobenergebnissen aus endlichen Kollektiven angegeben, denn im Zusammenhang mit den immer häufiger werdenden statistischen Erhebungen auf repräsentativer Basis hat das Interesse an Stichproben, die einen merklichen Teil der Gesamtheit ausmachen, erheblich zugenommen.

Die Ablesbarkeit der Tafeln ist durch die gute Reproduktion praktisch genau so gut wie in den früheren Auflagen. Ich danke dem Verleger, Herrn Dr. D. Steinkopff, daß er dies trotz aller Schwierigkeiten (Verlust der Originalberechnungen und -zeichnungen) wieder hat erreichen können.

Der Leser, der tiefer in die allgemeine Methodik der mathematischen Statistik eindringen will, sei auf zwei neue Bücher des deutschsprachigen Schrifttums hingewiesen; Linder, A., Statistische Methoden. 2. Aufl. (Basel 1951); Graf, U. und H.-J. Henning, Formeln und Tabellen der mathematischen Statistik (Berlin-Göttingen-Heidelberg 1953).

Mainz, Mai 1953. **Siegfried Koller.**

Inhalt

Vorwort VII

Vorwort zur zweiten Auflage IX

Vorwort zur dritten Auflage XI

Einleitung 1
    a) Häufigkeitsverteilung, Mittelwert, mittlere Abweichung 1
    b) Der statistische Vergleich 3
    c) Theoretische Grundbegriffe 5
    d) Die Abgrenzung des Zufallsbereiches 6
    e) Korrelationsrechnung (zu Tafel 10—12) 9
    f) Streuungszerlegung (zu Tafel 13) 12

I. Rechentafeln 14
    1. Multiplikation und Division 14
        a) Übersicht . . . . Fluchtlinientafel 14
        b) Feineinteilung . . . . Fluchtlinientafel 16
    2. Quadrate und Quadratwurzeln . . . . Doppelskala 18

II. Die Beurteilung von Häufigkeitsziffern 20
    3. Prüfung einer Grundwahrscheinlichkeit an einer Beobachtungsreihe (direkter Schluß)   Netztafel 20
    4. Rückschluß von einer Beobachtungsreihe auf die unbekannte Grundwahrscheinlichkeit (Zusatz: Beurteilung eines Nullergebnisses) . . . . Netztafel 24
    5. Vergleich der in zwei Reihen beobachteten Häufigkeiten bei gleichem Umfang der Reihen . . . . Netztafel 28
    6. Vergleich der in zwei Reihen beobachteten Häufigkeiten bei ungleichem Umfang der Reihen. (Erweiterung der Tafel 5) . . . . Fluchtlinientafel 32

III. Die Beurteilung von Messungsreihen 36
    7. Fehlerbereich von Mittelwerten . . . . Tabelle und Kurve 36
    8. Mittlerer Fehler der Differenz zweier Mittelwerte . . . . Fluchtlinientafel 40
    9. Beurteilung von Häufigkeitsverteilungen (χ^2-Tafel) . . . . Tabelle u. Doppelskala 44

IV. Die Beurteilung von Zusammenhängen 48
    10. Vorhandensein einer geradlinigen Zu- oder Abnahme (Richtungskoeffizient $R \neq 0$?) Vorhandensein eines Zusammenhanges (Korrelationskoeffizient $r \neq 0$?) . Tabelle u. Doppelskala 48
    11. Die weitere Beurteilung von Korrelationskoeffizienten 52
        a) Hilfstafel (Umrechnung von r in die Korrelationsziffer z) . . . . Doppelskala 52
        b) Unterschied zweier Korrelationsziffern . . . . Fluchtlinientafel 56
    12. Berechnung partieller Korrelationskoeffizienten . . . . Fluchtlinientafel 60
    13. Streuungszerlegung (nach R. A. Fisher) . . . . Netztafel 64

V. Anhang: Die Normalverteilung 68
    14. Ordinaten der Normalverteilung . . . . Doppelskala 68
    15. Flächenwerte (Wahrscheinlichkeiten) der Normalverteilung . . . . Doppelskala 72

Einleitung

a) Häufigkeitsverteilung, Mittelwert, mittlere Abweichung

Die statistische Bearbeitung von Beobachtungsreihen verfolgt mehrere Zwecke. Die erste Aufgabe besteht darin, in möglichst knapper und gedrängter Form die wesentlichsten Eigenschaften der Beobachtungsreihe zahlenmäßig herauszustellen. Dabei empfiehlt es sich, die folgenden Berechnungen vorzunehmen:

Zunächst werden die Beobachtungen durch Gruppierung zusammengefaßt; es wird eine Einteilung aller vorkommenden Einzelbefunde in — je nach der Sachlage mehr oder weniger zahlreiche — Gruppen vorgenommen; dann wird durch Abzählung festgestellt, wie viele Beobachtungen in die einzelnen Gruppen fallen. Werden diese Anzahlen durch die Gesamtzahl aller Beobachtungen dividiert, so erhält man die *Häufigkeitsverteilung* in den Gruppen.

Beispiele: Von 278 Kranken mit einem bestimmten Leiden wurden 266 geheilt, 12 starben. Es gibt hier nur zwei Merkmale und damit nur zwei Gruppen: Heilung und Tod. Die Häufigkeit der Heilungen beträgt $266:278 = 0{,}957 = 95{,}7\,\%$, die der Todesfälle $12:278 = 0{,}043 = 4{,}3\,\%$.

Von 150 Stahlproben einer Sorte werden Zerreißproben gemacht. Die Ergebnisse werden einzeln notiert, etwa unter Angabe einer Kommastelle: 33,2 kg/mm², 35,6 kg/mm², 34,5 ... Um Übersichtlichkeit zu erreichen, werden Gruppen gebildet, indem z. B. die Werte 31,5 bis 32,9; 33,0 bis 34,4 ... jeweils zusammengefaßt werden; dabei ist zu beachten, daß die Gruppe der Messungswerte von 31,5 bis 32,9 den wirklichen Bereich von 31,45 bis unter 32,95 umfaßt usw. Auf diese Weise erhält man aus der ursprünglichen *Messungsreihe* folgende *Häufigkeitsverteilung*:

Klasse	Anzahl	%
unter 31,45	4	2,7
31,45 bis unter 32,95	13	8,7
32,95 bis unter 34,45	26	17,3
34,45 bis unter 35,95	46	30,7
35,95 bis unter 37,45	34	22,7
37,45 bis unter 38,95	20	13,3
38,95 und mehr	7	4,6
	150	100,0

Mit der Ermittlung der Häufigkeiten ist in manchen Fällen die Aufgabe der Kennzeichnung der Beobachtungsreihe durch einige wenige Ziffern bereits erfüllt. Bei der Bearbeitung von Messungsreihen geht man darüber hinaus, konzentriert noch stärker und hebt die Haupteigenschaften der Reihe durch nur zwei Zahlen hervor: den *Mittelwert M* als Bezeichnung der durchschnittlichen Größe der Werte und die *mittlere Abweichung* σ (Sigma) als Maß der Streuung der Einzelwerte um den Mittelwert.

Die n Beobachtungswerte einer Reihe seien $x_1, x_2, x_3 \ldots x_n$. Dann ist der Mittelwert M durch die Formel

$$M = \frac{x_1 + x_2 + x_3 + \ldots + x_n}{n}$$

bestimmt und die mittlere Abweichung σ durch

$$\sigma = \sqrt{\frac{(x_1-M)^2 + (x_2-M)^2 + \ldots + (x_n-M)^2}{n-1}}$$

Man hat also die einzelnen Werte zu addieren und durch n zu dividieren, um den Mittelwert zu erhalten. Dann bildet man die Differenzen aller Einzelwerte von M, erhebt sie ins Quadrat, addiert, dividiert durch (n—1)[1]) und findet als Quadratwurzel daraus die mittlere Abweichung σ. Diese Berechnungsart ist bei Reihen kleinen Umfangs anzuwenden.

Als Beispiel sei aus den Werten 17, 13, 19, 15, 18, 15 Mittelwert M und mittlere Abweichung σ zu berechnen. Die Summe der 6 Zahlen beträgt 97; daraus folgt $M = 97:6 = 16{,}17$. σ berechnet sich zu

$$\sigma = \sqrt{\frac{0{,}83^2 + 3{,}17^2 + 2{,}83^2 + 1{,}17^2 + 1{,}83^2 + 1{,}17^2}{5}} = \sqrt{\frac{24{,}8334}{5}} = 2{,}229.$$

---

[1]) Der Leser möge sich mit der zunächst nicht ganz verständlichen Division durch (n — 1) statt durch n abfinden. Sie ist theoretisch gerechtfertigt, wenn man mit den Differenzen vom Mittelwert der Beobachtungsreihe rechnet, wie es fast stets in der Praxis der Fall ist. Dieses Vorgehen steht in enger Beziehung zu der später wiederholt erforderlichen Benutzung der „Zahl der Freiheitsgrade" (Fisher).

Die Berechnung von σ gestaltet sich wesentlich bequemer, wenn man von einem in der Nähe des Mittelwertes liegenden ganzzahligen Wert A ausgeht. Man bildet dann die Quadrate und hat nur durch ein Zusatzglied die genaue Lage des Mittelwertes zu berücksichtigen. Es ist

$$\sigma = \sqrt{\frac{(x_1-A)^2+(x_2-A)^2+\ldots+(x_n-A)^2-n\cdot(M-A)^2}{n-1}}$$

Bei obigem Beispiel wird die Rechnung einfach, wenn man A = 16 setzt:

$$\sigma = \sqrt{\frac{1^2+3^2+3^2+1^2+2^2+1^2-6\cdot 0{,}167^2}{5}} = 2{,}229.$$

Auch die Berechnung von M kann dadurch vereinfacht werden, daß man vom niedrigsten oder von einem mittleren Wert ausgeht und das Mittel der Differenz bestimmt. So ist zum Beispiel

$$M = 13 + \frac{4+0+6+2+5+2}{6} = 13 + \frac{19}{6} = 16{,}17$$

oder

$$M = 16 + \frac{1-3+3-1+2-1}{6} = 16 + \frac{1}{6} = 16{,}17.$$

Bei großen Beobachtungsreihen kann man darauf verzichten, die Rechnung auf allen n Einzelwerten aufzubauen, und kann sich statt dessen mit ausreichender Genauigkeit auf die Auswertung der Häufigkeitsverteilung beschränken. Man bezeichnet nun eine mittlere Klasse, innerhalb deren der Mittelwert voraussichtlich liegen wird, als Nullklasse, die nächst kleinere als —1, dann —2, —3 usw., die größeren als +1, +2, +3 usw. In dieser neuen Skala rechnet man nun Mittelwert M' und mittlere Abweichung σ' aus und rechnet dann in das ursprüngliche Maßsystem um.

Beispiel: Für die Häufigkeitsverteilung von S. 1 sollen M und σ berechnet werden:

Klasse I	Anzahl II	III = I · II	IV = I²	V = II · IV
—3	4	—12	9	36
—2	13	—26	4	52
—1	26	—26	1	26
0	46	0	0	0
+1	34	+34	1	34
+2	20	+40	4	80
+3	7	+21	9	63
Summe	150	+31		291

Das Vorgehen bei der Rechnung erkennt man deutlich in der Tabelle. Der Mittelwert M' (in der Rechenskala) beträgt

$$M' = \frac{+31}{150} = +0{,}207.$$

Die mittlere Abweichung, die in Spalte IV und V unter Beziehung auf den Hilfswert 0 berechnet ist, wird

$$\sigma = \sqrt{\frac{291-150\cdot 0{,}207^2}{149} - 0{,}0833} = \sqrt{1{,}826584} = 1{,}352.$$

Der Zusatz von —0,0833 (Sheppard'sche Korrektur) ist nötig, wenn σ nicht aus den Einzelwerten, sondern nach Vornahme einer Klasseneinteilung berechnet wird[1].

M' und σ' sind nun auf die ursprüngliche Messungsskala zurückzuführen, wobei die Klassenbreite b und der Wert a der Mitte der Nullklasse in Rechnung zu setzen sind. Es ist

$$M = a + b \cdot M'$$

und

$$\sigma = b \cdot \sigma'.$$

Im Beispiel ist (vgl. S. 1) b = 1,5 kg/mm². Die Mittelklasse umfaßt die Werte von 34,45 bis unter 35,95. Die Klassenmitte liegt bei a = 35,20 kg/mm². Es ist also M = 35,20 + 1,5 · 0,207 = 35,51 kg/mm² und σ = 1,5 · 1,352 = 2,028 kg/mm².

---

[1] Die Klasseneinteilung darf jedoch niemals so grob sein, daß dieser Zusatz einen wesentlichen Einfluß auf die Größe von σ hat. Weniger als 6—8 Klassen dürfen niemals benutzt werden, bei größerem Material besser 10—15 Klassen.

b) Der statistische Vergleich

Häufigkeitsverteilung, Mittelwert und mittlere Abweichung dienen zunächst zur kurzen Beschreibung einer Beobachtungsreihe. Außerdem sind dies die Werte, mit denen die wichtigen und für die Verwertung der Beobachtungen ausschlaggebenden *statistischen Vergleiche* durchgeführt werden. Man vergleicht, ob Prozentzahlen oder Mittelwerte größer sind, als sie erwartet wurden, ob sie in einer Reihe größer sind als in einer zweiten mit ihr vergleichbaren Reihe, usw. Die Festlegung des Ergebnisses eines solchen Vergleiches, ob die eine Zahl größer ist als die andere, erscheint zunächst einfach und unproblematisch. Dies trifft jedoch nur solange zu, als eine einfache Beschreibung eines tatsächlichen Befundes und keinerlei Verallgemeinerung über die Beobachtungsreihen hinaus bezweckt ist. Dies ist aber fast niemals der Fall, denn man stellt ja im allgemeinen die Vergleiche gerade deshalb an, um aus ihnen irgendwelche allgemein gültigen Schlüsse zu ziehen. Als typisches Beispiel sei der Prozentsatz der Geheilten unter den Kranken mit einem bestimmten Leiden betrachtet. Man will die Heilungsziffer bei Behandlung nach einem neuen Verfahren mit dem nach dem alten Verfahren erreichten Prozentsatz vergleichen. Die Bestimmung der Prozentzahlen und die Feststellung, welche von beiden größer ist, ist nur als Ausgangspunkt für die Beantwortung der Hauptfrage von Interesse, und diese Hauptfrage lautet stets: *Kann man aus dem Ergebnis mit Sicherheit folgern, daß das neue Verfahren besser ist als das alte?*

Die erste Voraussetzung für eine zuverlässige Beantwortung dieser Frage ist *die Vergleichbarkeit der Reihen in bezug auf den Behandlungserfolg*. Die Reihen müssen — abstrakt ausgedrückt — in bezug auf alle wesentlichen Nebenbedingungen in gleicher Weise zusammengesetzt sein; praktisch am Beispiel ausgedrückt: es dürfen nicht in der einen Reihe besonders viel Schwerkranke, in der anderen mehr leichte Fälle, in der einen mehr alte, in der anderen mehr junge Leute usw. sein. In vielen Anwendungsgebieten gibt es ganz bestimmte Vorschriften für die Gewinnung eines zuverlässigen, für Vergleiche geeigneten statistischen Materials, die durch den Vergleichszweck, sowie durch die besonderen sachlichen Eigenheiten der Anwendungsgebiete und die jeweiligen Fehlerquellen und Schwierigkeiten der Statistik bedingt sind. Im vorliegenden Buch werden die hiermit verknüpften methodischen Probleme *nicht* behandelt; es muß nur grundsätzlich auf die Notwendigkeit der Berücksichtigung dieser Fragen hingewiesen werden, über die man sich ausführlich in einem der Lehrbücher der Statistik unterrichten kann.

Von ausschlaggebender Bedeutung für die Zuverlässigkeit eines statistischen Ergebnisses ist weiterhin die *Größe des zugrunde liegenden Materials*. Es ist eine alte, immer wieder neu gemachte Erfahrung, daß man bei kleinem Material außerordentlich vorsichtig mit verallgemeinernden Schlußfolgerungen sein muß. Es kommt immer wieder vor, daß bereits die nächste Überprüfung eines solchen Ergebnisses an einer neuen Beobachtungsreihe ein ganz anderes Zahlenbild liefert, im Widerspruch zum früheren Ergebnis zu stehen scheint und ganz andere Folgerungen nahelegt. Statistische Zahlenreihen haben eben die Eigentümlichkeit, „*zufällige*" *Schwankungen* aufzuweisen, deren Zustandekommen im einzelnen — mag man das Netz der Ursachen jeweils entwirren können oder nicht — vom Standpunkt der Untersuchung, d. h. des statistischen Vergleiches, gleichgültig ist.

Mit diesen Schwankungen muß man rechnen, will man nicht unliebsame Überraschungen erleben. Wie ist es aber möglich, diese Schwankungen auf eine logisch klare und plausible Weise zu berücksichtigen? Woher kennt man überhaupt ihre Größe?

Es soll dies wieder am Vergleich der Heilungsprozentsätze zweier Behandlungsverfahren gezeigt werden. Und zwar soll eine Lösung gefunden werden, die ohne komplizierte Theorie und ohne mathematische Hilfsmittel von einem kritischen Untersucher an seinen Untersuchungsreihen selbst entwickelt und durchgeführt werden könnte. Das Prinzip des Vorgehens besteht darin, festzustellen, ob die bei dem Vergleich gefundenen Unterschiede der beiden Prozentzahlen in dem Material auch im Rahmen „zufälliger" Schwankungen, ohne daß echte Unterschiede vorliegen, auftreten können. Zu diesem Zweck würde man die beiden Beobachtungsreihen zusammenwerfen. Die Ausgangsreihen mögen aus je 50 Patienten bestehen; in der ersten seien $60^0/_0$ geheilt, in der zweiten $68^0/_0$. Insgesamt sind es 100 Patienten mit $64^0/_0$ Geheilten. Jetzt teilt man diese 100 Patienten auf sehr viele „zufällige" Arten in je zwei Gruppen zu 50 ein; so etwa alphabetisch nach dem dritten Buchstaben ihres Vornamens oder nach dem Wochentag ihrer Geburt oder nach der Schuhnummer ihrer Mutter usw. Dies sind zweifellos Merkmale, die mit der Heilung oder Nichtheilung der Patienten nicht das mindeste zu tun haben. Wenn man nun in diesen Zufallsgruppen zu je 50 den Prozentsatz der Geheilten auszählt, so erhält man eine genaues Bild über die „zufälligen" Schwankungen von Prozentzahlen, die bei je 50 Beobachtungen möglich sind. Zur Beurteilung der sachlichen Bedeutung der Ausgangsdifferenz der beiden Prozentzahlen stellt man nun an einer großen Zahl von „Zufallsgruppierungen" fest, ob unter diesen auch so große — oder sogar noch größere — Differenzen in den beiden jeweils zusammengehörenden Gruppen aufgetreten sind, und wie häufig dies der Fall war. Im Beispiel möge festgestellt worden sein, daß Differenzen von 8% und mehr in etwa 30% der Gruppierungen, also recht oft, eintraten. Der Untersucher muß daraus den Schluß ziehen, daß der Unterschied der beiden Behandlungsmethoden nur so groß ist, wie es auch des kleinen Materials wegen „zufällig" vorkommt. Genau so wenig, wie er den Schluß ziehen würde, daß eine der Zufallsgruppierungen, die gerade eine größere Differenz der Prozentsätze ergeben hatte, etwa die Schuhnummer der Mutter des Patienten, von Einfluß auf den Heilverlauf ist, darf er aus den Zahlen folgern, daß die zweite Behandlungsmethode besser als die erste ist. Sie mag wohl besser sein, aber die vorliegenden Zahlen reichen nicht aus, diesen Schluß sicher zu begründen. Es wäre durchaus möglich, daß in einer Wiederholung des Vergleiches bei den nächsten 100 Patienten das neue Verfahren sogar schlechter als das alte abschneidet. Der kritische Untersucher würde also nach Vornahme der Zufallsgruppierungen in seinem Material dem gefundenen Ausgangsunterschied von 60% zu 68% keine Bedeutung beimessen.

Hätte er dagegen bei den beiden Behandlungsmethoden die Ergebnisse 40% und 80% gehabt und hätte zur Beurteilung dieser Differenz Zufallsgruppierungen vorgenommen, so hätte er unter 1000 solchen Gruppen vielleicht einmal eine solche Differenz gefunden. Daraus, daß eine solche Differenz, wie sie zwischen den Behandlungsmethoden vorliegt, durch Zufallsgruppierung nach gleichgültigen Merkmalen praktisch nicht oder höchstens ganz selten erreicht wird, daß sie also „außerhalb des Zufallsbereichs" liegt, wird er mit Recht den Schluß auf eine wirkliche Überlegenheit des neuen Verfahrens ziehen.

Diese Methode der statistischen Zahlenprüfung ist im Prinzip theoretisch einwandfrei und auch vom praktischen Standpunkt aus plausibel. Die tatsächliche Durchführung wäre zwar möglich, aber außerordentlich mühsam. Sie läßt sich nun, ohne irgend etwas von ihrem Wesen einzubüßen, und ohne daß neue Voraussetzungen eingeführt werden müssen, durch eine Berechnung nach den Formeln der Wahrscheinlichkeitslehre vollgültig ersetzen. Setzt man nun eine Grenze für den als erlaubt anzusehenden Zufallsbereich zahlenmäßig fest, so daß nur ganz selten einmal (vgl. S. 6) das Resultat einer Zufallsgruppierung diesen Bereich überschreitet, so läßt sich die Grenze für jeden praktischen Fall formelmäßig genau errechnen; Tafel 5 beruht auf diesen Rechnungen.

Nach diesem Prinzip läßt sich eine Zahlenkritik von statistischen Ergebnissen auch in anderen Fällen durchführen, z. B. wenn zwei Mittelwerte verglichen werden sollen. Um beim gleichen Beispiel der Krankheitsbehandlung zu bleiben, sei angenommen, es solle die Dauer der Krankheit unter dem Einfluß zweier Behandlungsmethoden verglichen werden. Auch hier kann man unter Vermeidung jeder Theorie die beiden Beobachtungsreihen zusammenwerfen und Zufallsgruppierungen nach gleichgültigen Merkmalen vornehmen, in den so erhaltenen Gruppen wieder die Mittelwerte der beim Vergleich betrachteten Größen (der Krankheitstage) bilden und deren Schwankungen tatsächlich feststellen. Wieder wird man dem Ausgangsunterschied dann keine Bedeutung beimessen, wenn ebenso große oder noch größere Unterschiede zwischen den entsprechenden Mittelwerten auch bei Zufallsgruppierungen auftreten, und umgekehrt einen echten Unterschied als erwiesen ansehen, wenn bei Zufallsgruppierungen solche Differenzen gar nicht oder doch nur „ganz selten" gefunden werden. — Auch beim Vergleich von Mittelwerten ist es nicht notwendig, die Zufallsgruppierungen tatsächlich vorzunehmen, sondern man kann sie durch gewisse statistische Berechnungen, nämlich den „mittleren Fehler" der Mittelwerte, mit großer Zuverlässigkeit ersetzen. Praktisch geht die Beurteilung des Unterschiedes zweier Mittelwerte so vor sich, daß man die mittleren Fehler berechnet, dann in einer Tafel die Grenze des Zufallsbereiches abliest und damit das gleiche erreicht, als wenn man die umständlichen Zufallsgruppierungen durchgeführt hätte.

Im Anschluß an diese Beispiele sei noch einmal ausdrücklich betont, daß alle statistischen Zahlenprüfungen, mögen sie auch mit mathematischen Methoden abgeleitet und dargestellt sein, im Grunde nie etwas anderes bedeuten, als die Ersetzung von Zufallsgruppierungen, die in irgendeiner Form am jeweils vorliegenden Material durchgeführt werden könnten, durch einfachere, aber inhaltlich gleichbedeutende Rechnungen.

c) Theoretische Grundbegriffe

Stellt man die bei Wahrscheinlichkeitsrechnungen und statistischen Zahlenprüfungen auftretenden Begriffe zusammen, so steht an erster Stelle die Unterscheidung zwischen einer *statistischen „Gesamtheit"* (auch „Kollektiv" genannt; engl. universe) und der aus dieser Gesamtheit entnommenen *„Stichprobe"* (engl. sample).

Wenn z. B. für eine Serie Glühlampen die durchschnittliche Brenndauer festgestellt werden soll, so ist die ganze Fabrikationsserie eine statistische Gesamtheit; dieser Gesamtheit wird eine Stichprobe von 20 oder 50 Lampen entnommen und für diese die Brenndauer festgestellt. Eine später hier zu behandelnde Frage besteht darin, zu klären, welche Rückschlüsse man aus der beobachteten kleinen Stichprobe auf die Brenndauern in der ganzen Fabrikationsserie ziehen kann (s. Beisp. 13 S. 36).

Wenn in einem Vererbungsversuch 350 Nachkommen einer bestimmten Kreuzung beobachtet werden, so bilden die denkbaren Nachkommen dieser Kreuzung, die statt der beobachteten auch hätten auftreten können, eine statistische Gesamtheit, aus welcher die beobachteten 350 eine Stichprobe sind. Will man jetzt eine bestimmte Vererbungshypothese prüfen, nach der z. B. 50 % rotblühende Pflanzen unter den Nachkommen sein sollen, so besteht der Vergleich zwischen Erwartung und Beobachtung (z. B. 44 %) darin, daß man prüft, ob im Rahmen der in Stichproben zu 350 üblichen Schwankungen aus einer Gesamtheit mit 50 % rotblühenden Pflanzen zufällig eine Stichprobe entnommen werden kann, in welcher 44 % oder noch weniger rotblühende sind (s. Beisp. 1 S. 20).

Die Einzelglieder von Gesamtheiten und Stichproben brauchen nicht, wie eben, reale Dinge oder deren Merkmale zu sein, sondern können auch abstrakte Begriffe wie Mittelwerte, Häufigkeiten, Kurven usw. betreffen. Derartige Fälle werden weiter unten wiederholt auftreten.

Bei der Entnahme der Stichprobe aus der Gesamtheit darf es nicht vorkommen, daß man irgendwelche Merkmale systematisch gehäuft oder vermindert findet. Das Herausgreifen einzelner Elemente aus der Gesamtheit für die Stichprobe erfolgt „zufällig", d. h. alle Einflüsse, welche zur Wahl gerade des einen oder anderen Elements führen, müssen von dem zu untersuchenden Vergleichsmerkmal unabhängig sein. In einer solchen Stichprobe finden sich die Zahlenverhältnisse der Gesamtheit — abgesehen von den durch den Umfang der Stichprobe bedingten Zufallsabweichungen — wieder; man bezeichnet dann die Stichprobe als „echt" oder als „repräsentativ" für die Gesamtheit.

Zum Begriff des „Zufalls" sei noch bemerkt, daß er keinerlei unnatürliche und gekünstelte Annahmen über die Kausalität voraussetzt. Die Betrachtung eines Ereignisses in seinem Ursachennetz und die Auffassung des gleichen Ereignisses als zufällig stehen nicht miteinander im Widerspruch; sie unterscheiden sich nur durch den Standpunkt des Betrachters. Das Kausalprinzip ist allgemein gültige Grundlage unseres Denkens und unseres Verständnisses für jegliches Geschehen; es ist die Ausdrucksform, die uns für die „objektive" Darstellung eines Geschehens zur Verfügung steht. Die Bezeichnung „zufällig" bedeutet demgegenüber nur die subjektive Aussage, daß vom Standpunkt des Betrachters aus die Einzelheiten des Ursachennetzes gleichgültig sind, daß sie nicht näher betrachtet werden sollen oder können.

Die vielen an jedem Ereignis mitwirkenden Faktoren treffen jeweils in den verschiedensten Kombinationen zusammen; für den Heilverlauf einer Krankheit z. B. kann eine Reihe ungünstiger Faktoren, wie vorangegangene Krankheiten, Aufregungen, zu spätes Aufsuchen des Arztes usw. zusammentreffen; in anderen Fällen können es gerade günstige Umstände sein. Der Arzt, der nun den Heilverlauf statistisch untersuchen will, ist es gewöhnt, die Besonderheiten bei jedem einzelnen Kranken als Ursachen bzw. Bedingungen für Ausbruch und Verlauf der Krankheit genau zu erfassen, um danach das Behandlungsverfahren möglichst gut anzupassen. Dieser Arzt hat begreiflicherweise zunächst Hemmungen, den Begriff des Zufalls überhaupt in die Statistik des Heilverlaufs einzuführen, weil er darin eine Art Gegensatz zu seiner möglichst kausalen ärztlichen Betrachtungsweise sieht. Tatsächlich besteht jedoch kein Gegensatz, da die „Zufälligkeit" nur im Zusammentreffen der Faktoren gerade bei diesen und nicht bei jenen Patienten besteht. Anders ausgedrückt sind die betrachteten Verlaufskurven eine echte Stichprobe aus der fiktiven Gesamtheit aller möglichen Verlaufskurven, welche sich bei anderer Kombination der Nebenbedingungen und Nebenumstände bei den einzelnen Krankheitsfällen ergeben würden.

Der Unterschied zwischen den Begriffen „Gesamtheit" und „Stichprobe" findet sich in einem anderen Begriffspaar wieder, nämlich bei „Wahrscheinlichkeit" und „Häufigkeit". Unter der *Häufigkeit P eines Merkmals oder eines Ereignisses ist immer ein empirisch in einer Beobachtungsreihe festgestellter Wert* — meist in Prozenten ausgedrückt — zu verstehen. Eine *Wahrscheinlichkeit p ist dagegen die Häufigkeit des Merkmals oder Ereignisses in einer statistischen Gesamtheit* und demgemäß nicht ohne weiteres stets zahlenmäßig bestimmbar. Beim Würfeln mit einem exakt geformten Würfel ist die Wahrscheinlichkeit für das Auftreten einer Sechs $\frac{1}{6} = 16,7\,\%$, weil in der Gesamtheit aller möglichen Würfe dies die Häufigkeit aller Sechsen sein muß, da keine der sechs Seiten einen Vorzug gegenüber einer anderen hat. Wenn sich in einer Fabrikationsserie 5 % minderwertige Stücke befinden, so ist dies bei jedem blindlings herausgegriffenen Stück die Wahrscheinlichkeit dafür, daß es minderwertig ist. Findet man in einer Stichprobe von z. B. 100 Stück 10 minderwertige Exemplare, so ist diese Häufigkeit von 10% als Zufallsabweichung von der zugrunde liegenden Wahrscheinlichkeit 5% anzusehen. Je größer der Umfang der Stichprobe ist, um so mehr nähert sich die empirische Häufigkeit dem Wert der Grundwahrscheinlichkeit („Gesetz der großen Zahlen").

Auch andere statistische Kennziffern und Maßzahlen, wie z. B. Mittelwerte, sind sowohl in statistischen Gesamtheiten vorhanden, als auch in Beobachtungsreihen, welche als Stichproben diesen Gesamtheiten entnommen werden. Der *Mittelwert einer echten Stichprobe* weist nur Zufallsabweichungen vom Mittelwert der zugrunde liegenden Gesamtheit auf, die nach dem Gesetz der großen Zahlen um so geringer sind, je größer der Umfang der Stichprobe ist.

Faßt man den Mittelwert einer Stichprobe als näherungsweise Bestimmung des „wahren" Mittelwertes der zugrunde liegenden Gesamtheit auf und wiederholt diese Schätzung an mehreren gleich großen Stichproben, so kann man die mittlere Abweichung der Stichprobenmittelwerte vom Gesamtheitsmittel sinnvoll als „mittleren Fehler des Mittelwertes" (σ_M) bezeichnen. σ_M ist abhängig von der Streuung in der Ausgangsgesamtheit, gemessen durch deren mittlere Abweichung σ, und von der Beobachtungszahl n in der Stichprobe. Es ist

$$\sigma_M = \frac{\sigma}{\sqrt{n}}.$$

Nach einem Hauptsatz der Statistik verteilen sich die Stichprobenmittelwerte um das Gesamtheitsmittel gemäß der mathematisch exakt bekannten „Normalverteilung" (auch Gauß- oder Gauß-Laplace-Verteilung genannt, s. Tafel 14 und 15), die zahlenmäßig allein von dem „mittleren Fehler" σ_M abhängig ist. σ_M ist daher ein zweckmäßiges Maß für die Größe des einem Mittelwert zukommenden Fehlerbereiches.

d) Die Abgrenzung des Zufallsbereiches

Wie weit ist nun der Bereich der Zufallsabweichungen zu erstrecken? Dazu ist zunächst festzustellen, daß es eine *natürliche* Grenze des Bereiches nicht gibt. So wie es *möglich* ist, zehnmal oder zwanzigmal hintereinander eine Sechs zu würfeln, so ist es auch *möglich*, daß in einer statistischen Stichprobe zu einem wissenschaftlichen oder wirtschaftlichen Problem nur irgendwie extreme Werte zusammentreffen. Würde man die Grenze so weit legen, daß sie *alle* möglichen Werte in einer Stichprobe einschließt, so würde die statistische Methode praktisch unbrauchbar werden. Man muß die Anforderungen also etwas beschränken und den Zufallsbereich so abgrenzen, daß *fast alle* Werte darin liegen. „Fast alle" könnte man als 99% oder 99,9% o. a. festsetzen. Herkömmlich hat sich nun eine Grenze eingebürgert, welche *99,730% der Werte umschließt und von 0,270% der Werte überschritten wird*. Die Lage dieser Grenze ist daraus zu verstehen, daß man zunächst von einer bestimmten wichtigen Form der Häufigkeitsverteilung (der bereits erwähnten sog. Normalverteilung oder Gauß-Verteilung) in einer Gesamtheit ausgegangen ist und in dieser den dreifachen Wert der mittleren Abweichung σ als Grenze anzusehen pflegte. Da diese Abgrenzung, die zunächst nur einige grundlegende Sonderfälle bei der Beurteilung von Mittelwerten und Häufigkeiten betraf, als 3 σ-Regel sich in der Theorie und in den Anwendungsgebieten durchgesetzt hat, soll sie unter sinnvoller Verallgemeinerung auf alle statistischen Zahlenprüfungen übertragen werden. Die 3 σ-Grenze ist als solche nicht verallgemeinerungsfähig, da sie in verschiedenen Fällen recht ungleiche Hundertsätze aller Werte einschließt. Dagegen läßt sich die für die idealen Ausgangsfälle der 3 σ-Regel geltende Wahrscheinlichkeit von 99,73% bzw. 0,27% verallgemeinern. Dieser Weg ist in vorliegendem Buch eingeschlagen worden; *alle Abgrenzungen sind auf einer Überschreitungswahrscheinlichkeit $\varepsilon = 0{,}27\%$ aufgebaut; sie können als Äquivalente zur 3 σ-Grenze der idealen Normalverteilung aufgefaßt werden.*

Die statistischen Zahlenprüfungen werden stets auf eine einheitliche Form gebracht: Man bestimmt die Wahrscheinlichkeit, mit welcher aus einer Gesamtheit Stichproben des jeweils vorliegenden Umfanges zufallsmäßig entnommen werden können, welche in der betrachteten statistischen Maßzahl (Häufigkeit, Mittelwert o. a.) um mindestens soviel wie die Maßzahl der Beobachtungsreihe von der entsprechenden Maßzahl der Gesamtheit abweichen („Überschreitungswahrscheinlichkeit", „Zufallsziffer"). Ist diese Wahrscheinlichkeit hinreichend klein, d. h. übereinkunftsgemäß kleiner als $\varepsilon = 0{,}27\%$, so zieht man daraus den praktischen Schluß, daß die Beobachtungsreihe nicht als

d) Die Abgrenzung des Zufallbereiches

Stichprobe aus der eben zugrunde gelegten Gesamtheit angesehen werden kann. Der Einheitlichkeit des statistischen Urteils wegen ist es zweckmäßig, mit einer gewissen Starrheit an der einmal gewählten Grenze ε festzuhalten. Freilich ist für die in der Nähe der Grenze liegenden Werte eine gewisse Zurückhaltung zu empfehlen, da bereits ein kleiner Zufallseinfluß ein Über- oder Unterschreiten der Grenze bewirkt haben könnte.

Die bei einer Zahlenprüfung zugrunde gelegte Gesamtheit entsteht meist als zahlenmäßige Formulierung einer zu beurteilenden Hypothese. Will man z. B. prüfen, ob eine Häufigkeit von 44% rotblühenden Pflanzen unter 350 mit der aus einer bestimmten Erbhypothese folgenden Wahrscheinlichkeit 50% vereinbar ist, so wird der Prüfung eine Gesamtheit von unendlich vielen Objekten zugrunde gelegt, unter denen sich 50% Objekte der Art A befinden (das gleiche Kollektiv gilt z. B. für das Würfeln einer geraden Zahl oder für das Ziehen einer schwarzen Spielkarte). Die Prüfung wird nun so durchgeführt, daß man in Tafel 3 nachsieht, ob eine solche Abweichung von mindestens 6% nach unten oder eine entsprechende nach oben bei 350 Beobachtungen eine höhere oder geringere Wahrscheinlichkeit als $\varepsilon = 0{,}27\%$ besitzt. Da das erstere der Fall ist, sind Theorie und Beobachtung miteinander vereinbar.

Bei genauer Untersuchung dieser Überlegung erkennt man, daß zunächst aus dem ersten Kollektiv theoretisch ein zweites abgeleitet wurde, das sich aus allen möglichen Häufigkeitsbefunden in Stichproben zu 350 zusammensetzt; der zweite Schritt besteht in der Prüfung, ob die Ausgangshäufigkeit von 44% ein Element dieser Gesamtheit sein kann. Es ist für das Verständnis der Problemstellung und die Anschaulichkeit der Überschreitungswahrscheinlichkeit (ε) sehr zweckmäßig, sich dieses abgeleitete Kollektiv tatsächlich vorzustellen.

Vergleicht man, um ein anderes Beispiel zu nennen, die Mittelwerte zweier Reihen von n_1 und n_2 Beobachtungen miteinander, so muß geprüft werden, ob die Mittelwerte überhaupt als sicher verschieden angesehen werden können. Zur Prüfung betrachtet man die Hypothese, daß es sich nur um Zufallsabweichungen handele. Zu diesem Zwecke sind — wie bereits auf S. 3 entwickelt wurde — beide Reihen zusammenzuwerfen; aus dieser Gesamtheit ist ein Kollektiv der Differenzen der Mittelwerte aller möglichen zufälligen Gruppenbildungen zu n_1 und n_2 Elementen abzuleiten, und es wird geprüft, ob die ursprünglich gefundene Mittelwertsdifferenz ein Element dieses Kollektivs sein kann, d. h. ob die Wahrscheinlichkeit für eine solche oder noch höhere Differenz größer oder kleiner als $\varepsilon = 0{,}27\%$ ist.

Die Tafeln sind in diesem Sinne einheitlich auf die Grenzwahrscheinlichkeit $\varepsilon = 0{,}27\%$ ausgerichtet. Wird bei der Behandlung besonderer Aufgaben eine andere Abgrenzung, z. B. bei 0,1% oder 1% oder 5% verlangt, so erhält man eine brauchbare Näherung an die diesen Grenzwahrscheinlichkeiten zukommenden Zufallbereiche, wenn man die in den Tafeln ermittelten höchsten zulässigen Differenzen zwischen Ausgangswert und Grenze mit den in der folgenden Tabelle zusammengestellten Faktoren multipliziert.

Es empfiehlt sich folgende Abstufung der Formulierung des Ergebnisses einer Zahlenprüfung:

Bei deutlicher *Überschreitung* der in den Tafeln festgelegten Zufallsgrenzen ist ein Unterschied der verglichenen Zahlen als „*statistisch nachgewiesen*" oder „*statistisch gesichert*" zu bezeichnen. Liegt der Unterschied weit *innerhalb* der Grenzen, so soll man ihn als *vermutlich zufallsbedingt* und *sachlich nicht vorhanden* ansehen. Es widerspräche völlig dem Sinn und Zweck der statistischen Zahlenprüfungen, wollte man sich auf die Feststellung der Lage innerhalb des Zufallbereiches beschränken und trotzdem lange Erörterungen über die Erkenntnisse anschließen, die aus dem soeben als nicht erwiesen bezeichneten Unterschied gefolgert werden könnten. Und doch zeigt das Schrifttum viele Beispiele solcher Unlogik! — Liegt der Unterschied wenigstens in *gewisser Nähe der Zufallsgrenzen* (mindestens etwa $^2/_3$ des Zufallbereichs), so kann man ihn schon durchaus *ernst nehmen*; eine Sicherung kann zwar erst durch Vergrößerung des Zahlenmaterials erfolgen, aber die Abweichung ist doch schon so erheblich, daß man die bestehenden sachlichen Möglichkeiten diskutieren kann.

Die Zahlenprüfungen der Tafeln 3, 4, 5, 6, 7, 10, 11b sind auf zweiseitige Abweichungsmöglichkeiten eingestellt. Es werden im zu prüfenden Kollektiv nicht nur die Abweichungen mit dem Vorzeichen betrachtet, welches der betrachtete Ausgangswert hatte, sondern auch die Abweichungen mit umgekehrtem Vorzeichen. Gelegentlich kann es aber erwünscht sein, die Betrachtung nur einseitig vorzunehmen, indem man etwa prüfen will, ob bei 350 Beobachtungen und einer Erwartung von 50% eine Beobachtung von 44% und weniger eine über oder unter einer bestimmten Grenze liegende Wahrscheinlichkeit hat, wobei Abweichungen nach oben nicht betrachtet werden. Auch in solchen Fällen kann man einen brauchbaren Näherungswert erhalten, wenn man die aus den Tafeln entnommenen Differenzen zwischen Ausgangswert und Grenze mit den in der nachstehenden Tabelle angegebenen für die Normalverteilung gültigen Faktoren multipliziert.

Fragestellung	Überschreitungs-wahrscheinlichkeit der Grenze	Korrekturfaktoren für Tafel Nr. 3, 4, 5, 6, [7][1]), 10, 11b
doppelseitig	0,1 %	1,0968
doppelseitig	0,27 %	1,0000
doppelseitig	1 %	0,8586
doppelseitig	5 %	0,6533
einseitig	0,1 %	1,0301
einseitig	0,27 %	0,9274
einseitig	1 %	0,7754
einseitig	5 %	0,5483

Beispiel: Beim Vergleich zweier Prozentzahlen habe sich nach Tafel 5 ergeben, daß höchstens eine Differenz von 20 % auf Zufall zurückgeführt werden kann. Wenn man die Grenze bei einer Überschreitungswahrscheinlichkeit von 1 % annimmt, wäre der Extremwert der Differenz $0{,}20 \cdot 0{,}8586 = 0{,}172 = 17{,}2\,\%$.

Wenn man nicht nach einem Unterschied überhaupt zwischen Reihe A und Reihe B gefragt hätte, sondern nach der Möglichkeit, daß in Reihe A eine höhere Häufigkeit als in B auftrete, und man die Grenzsetzung äquivalent zur 3 σ-Grenze mit $\varepsilon = 0{,}27\,\%$ vornehmen wollte, so wäre der Extremwert der Differenz etwa $0{,}20 \cdot 0{,}9274 = 18{,}5\,\%$.

Alle Übertragungen der Tafelwerte auf andere Abgrenzungen haben den Charakter von Näherungslösungen, die allerdings meist den exakten Werten näher liegen, als wenn man nach den üblichen einfachen Formeln eine Fehlerrechnung durchführte.

Es muß dabei besondere Vorsicht beobachtet werden, damit sich nicht in Grenzfällen sinnlose Werte ergeben. Am Beispiel der Nachprüfung einer Wahrscheinlichkeit (Tafel 3) sei darauf hingewiesen: Erstreckt sich der Zufallsbereich bis in die Nähe von 0 % oder 100 %, so darf nicht mit einer Zahl über 1 multipliziert werden, wenn man dadurch Werte unter 0 % oder über 100 % erhielte. Umgekehrt darf in Fällen, in denen der Bereich die Häufigkeiten 0 % oder 100 % einschließt, auch nicht mit einer Zahl unter 1 multipliziert werden.

Alle Abgrenzungen haben ihre eigentliche Bedeutung nur für die Beurteilung *einer* gerade vorliegenden Beobachtungsreihe. Ein neues Problem liegt vor, wenn *Beobachtungsreihen der gleichen Art laufend angestellt werden*, z. B. tägliche Materialprüfungen oder tägliche Kontrolle einer Stichprobe von Fertigfabrikaten zur Betriebsüberwachung, wobei Störungen im Produktionsprozeß bereits in einem Stadium aufgedeckt werden sollen und können, in welchem sie noch keine grob sichtbaren Fehler und Ausfälle verursachen.

Bei laufenden Stichprobenbeurteilungen ist im Laufe der Zeit zu erwarten, daß jede erlaubte Grenze auch bei reinen Zufallsschwankungen einmal und sogar mehrfach überschritten wird. So wird z. B. die hier zugrunde gelegte Grenze $\varepsilon = 0{,}27\,\%$ bei täglichen Prüfungen jährlich durchschnittlich einmal „zufällig" überschritten werden, ohne daß dem eine reale Bedeutung zukäme. Wie ist hier eine zweckmäßige Beurteilung vorzunehmen, bei der gleichzeitig die Unterscheidung einer solchen zufallsmäßigen Grenzüberschreitung von einer sachlich im Prüfungsgegenstand bedingten getroffen werden kann?

Man kann in solchen Fällen durchaus die übliche Abgrenzung zur Untersuchung der Größe der Abweichung beibehalten und braucht dem in zweifelhaften Fällen nur eine Prüfung über die Reihenfolge der Abweichungen bei den unmittelbar vorangegangenen Beobachtungen hinzuzufügen. Man kann dies am einfachsten durch Zusammenfassung der letzten drei oder fünf Proben erreichen. Wenn bereits in den Vortagen leichtere Abweichungen vorgelegen haben, die nur zur statistischen Sicherung nicht ausreichen, so kann die Zusammenfassung der Tage die Sicherstellung bewirken. Man kann auch anders vorgehen und prüfen, ob eine durch die Werte der letzten Tage gelegte gerade Linie eine sichere Zu- bzw. Abnahme aufweist (vgl. S. 48 und Tafel 10).

---

[1]) In Tafel 7 gelten die Korrekturfaktoren nur für große Beobachtungszahlen und sind bei kleinem m nicht — auch nicht näherungsweise — anwendbar.

e) Korrelationsrechnung (zu Tafel 10—12)

Bei der Untersuchung der Beziehung mehrerer Größen beginnt man zweckmäßig mit der graphischen Darstellung des Zusammenhanges in einer Korrelationstafel. Eine Größe (x) wird als Abszisse, die andere (y) als Ordinate gewählt; jedes Wertepaar wird durch einen Punkt im Koordinatenfeld dargestellt (vgl. Abb. 1, S. 10).

Der *Korrelationskoeffizient* r dient zur Messung der Stärke (Strammheit) eines geradlinigen Zusammenhanges zwischen zwei Veränderlichen x und y. Bezeichnet man die Mittelwerte mit M_x

Beispiel: Die Rechnung verläuft nach dem in der Tabelle angegebenen Schema:

Amtsbezirk	Einw.(%) i.Gemeind. unt. 2000 Einwohn. x	In d. Landwirtschaft tätig y	$x-M_x$	$y-M_y$	$(x-M_x)^2$	$(y-M_y)^2$	$(x-M_x)(y-M_y)$
1. Donaueschingen	68,3	46,9	11,3	6,6	127,69	43,56	74,58
2. Engen	90,5	57,5	33,5	17,2	1122,25	295,84	576,20
3. Konstanz	28,4	18,1	—28,6	—22,2	817,96	492,84	634,92
4. Meßkirch	84,9	63,9	27,9	23,6	778,41	556,96	658,44
5. Pfullendorf	72,3	64,9	15,3	24,6	234,09	605,16	376,38
6. Säckingen	59,5	26,1	2,5	—14,2	6,25	201,64	—35,50
7. Stockach	85,9	56,9	28,9	16,6	835,21	275,56	479,74
8. Überlingen	74,6	53,9	17,6	13,6	309,76	184,96	239,36
9. Villingen	37,3	25,1	—19,7	—15,2	388,09	231,04	299,44
10. Waldshut	84,0	52,7	27,0	12,4	729,00	153,76	334,80
11. Emmendingen	52,6	50,5	—4,4	10,2	19,36	104,04	—44,88
12. Freiburg	25,9	21,8	—31,1	—18,5	967,21	342,25	575,35
13. Kehl	61,5	44,0	4,5	3,7	20,25	13,69	16,65
14. Lahr	60,5	38,2	3,5	—2,1	12,25	4,41	—7,35
15. Lörrach	40,6	22,7	—16,4	—17,6	268,96	309,76	288,64
16. Müllheim	82,8	54,0	25,8	13,7	665,64	187,69	353,46
17. Neustadt	82,0	37,1	25,0	—3,2	625,00	10,24	—80,00
18. Oberkirch	68,5	51,5	11,5	11,2	132,25	125,44	128,80
19. Offenburg	45,5	37,9	—11,5	—2,4	132,25	5,76	27,60
20. Schopfheim	60,8	33,8	3,8	—6,5	14,44	42,25	—24,70
21. Staufen	90,2	59,3	33,2	19,0	1102,24	361,00	630,80
22. Waldkirch	58,8	39,3	1,8	—1,0	3,24	1,00	—1,80
23. Wolfach	53,7	38,7	—3,3	—1,6	10,89	2,56	5,28
24. Bretten	62,3	49,4	5,3	9,1	28,09	82,81	48,23
25. Bruchsal	25,0	33,0	—32,0	—7,3	1024,00	53,29	233,60
26. Bühl	44,0	52,8	—13,0	12,5	169,00	156,25	—162,50
27. Ettlingen	40,8	27,1	—16,2	—13,2	262,44	174,24	213,84
28. Karlsruhe	7,2	11,1	—49,8	—29,2	2480,04	852,64	1454,16
29. Pforzheim	21,7	12,1	—35,3	—28,2	1246,09	795,24	995,46
30. Rastatt	33,3	21,6	—23,7	—18,7	561,69	349,69	443,19
31. Adelsheim	100,0	67,9	43,0	27,6	1849,00	761,76	1186,80
32. Buchen	69,6	59,2	12,6	18,9	158,76	357,21	238,14
33. Heidelberg	13,2	12,3	—43,8	—28,0	1918,44	784,00	1226,40
34. Mannheim	0,0	4,2	—57,0	—36,1	3249,00	1303,21	2057,70
35. Mosbach	88,5	50,1	31,5	9,8	992,25	96,04	308,70
36. Sinsheim	84,8	49,7	27,8	9,4	772,84	88,36	261,32
37. Tauberbischofheim	83,5	64,3	26,5	24,0	702,25	576,00	636,00
38. Weinheim	18,9	18,7	—38,1	—21,6	1451,61	466,56	822,96
39. Wertheim	80,5	58,7	23,5	18,4	552,25	338,56	432,40
40. Wiesloch	38,9	25,2	—18,1	—15,1	327,61	228,01	273,31
Summe:	2281,3	1612,2			27068,05	12015,28	16175,92
Mittelwert:	57,0	40,3					

Korrelation zwischen dem Prozentsatz der in der Landwirtschaft beschäftigten Erwerbstätigen und dem Prozentsatz der in Gemeinden mit weniger als 2000 Einwohnern lebenden Personen in den Amtsbezirken Badens 1925.

und M_y, so ist

$$r = \frac{(x_1-M_x)(y_1-M_y) + (x_2-M_x)(y_2-M_y) + \cdots + (x_n-M_x)(y_n-M_y)}{\sqrt{[(x_1-M_x)^2 + (x_2-M_x)^2 + \cdots + (x_n-M_x)^2] \cdot [(y_1-M_y)^2 + (y_2-M_y)^2 + \cdots + (y_n-M_y)^2]}}$$

oder unter Verwendung des Summenzeichens

$$r = \frac{\sum_i (x_i-M_x)(y_i-M_y)}{\sqrt{\sum_i (x_i-M_x)^2 \cdot \sum_i (y_i-M_y)^2}}$$

Der Korrelationskoeffizient ergibt sich zu

$$r = \frac{16\,175{,}92}{\sqrt{27\,068{,}05 \cdot 12\,015{,}28}} = 0{,}897.$$

Die Berechnung könnte dadurch etwas vereinfacht werden, daß man in der Nähe von M_x und M_y gelegene ganze Zahlen A und B als Hilfswerte einführt und die Rechnung nicht mit (x_i-M_x) und (y_i-M_y), sondern mit (x_i-A) und (y_i-B) durchführt. Die begangene Ungenauigkeit wird dadurch wieder berichtigt, daß im Zähler von der Summe der Produkte der Wert $n \cdot (M_x-A)(M_y-B)$ subtrahiert wird, im Nenner (vgl. S. 2) von der ersten Quadratsumme $n \cdot (M_x-A)^2$, von der zweiten $n \cdot (M_y-B)^2$

$$r = \frac{\sum_i (x_i-A)(y_i-B) - n \cdot (M_x-A)(M_y-B)}{\sqrt{[\sum_i (x_i-A)^2 - n \cdot (M_x-A)^2] \cdot [\sum_i (y_i-B)^2 - n(M_y-B)^2]}}.$$

Bei größeren Beobachtungszahlen kann man in ähnlicher Weise wie bei der Berechnung der mittleren Abweichung vorgehen, indem man nicht mit den Einzelwerten rechnet, sondern nach Einteilung der Korrelationstafel in Felder nur mit diesen arbeitet. Die Klassenbreite muß dabei gering sein (mindestens 6—8 Klassen von x bzw. y). Für eine ausführliche Darstellung des Rechnungsganges sei auf die Lehrbücher verwiesen.

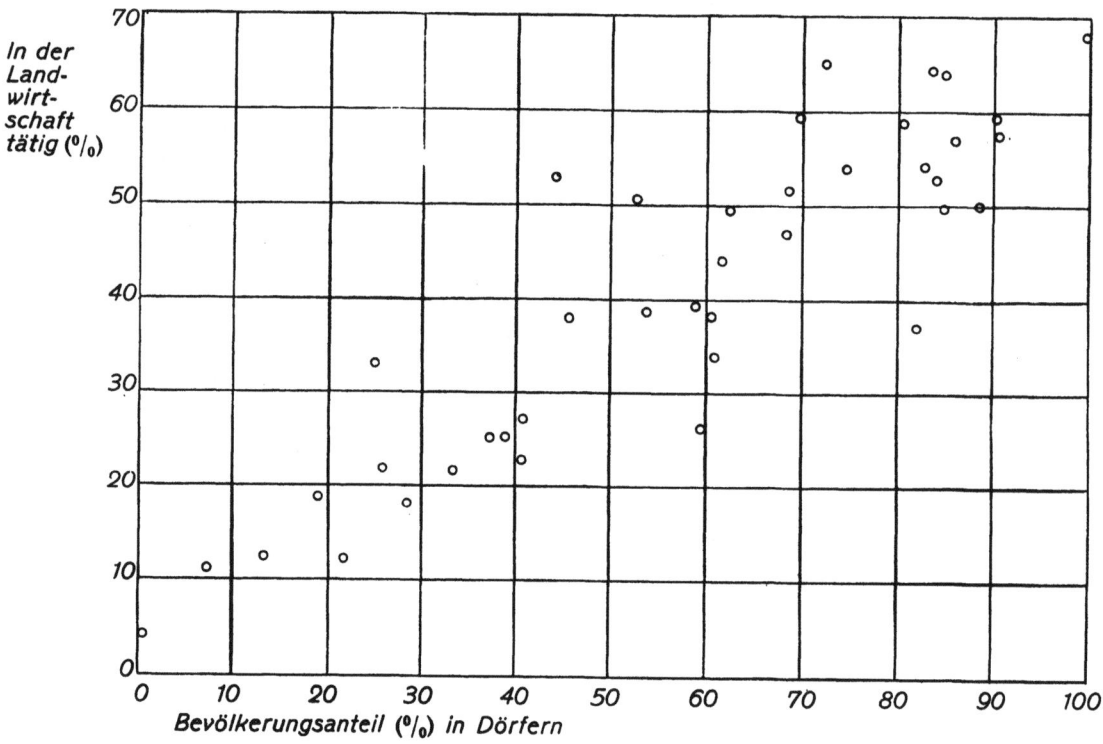

Abb. 1

Der Korrelationskoeffizient liegt zwischen $+1$ und -1. Von Sonderfällen abgesehen bedeutet $r = 0$ Unabhängigkeit, $r > 0$ gleichsinnige und $r < 0$ gegensinnige Beziehung der Größen.

Die *gerade Linie*, die sich den Beobachtungspunkten am besten anpaßt, wird nach der „Methode der kleinsten Quadrate" berechnet. Geht man von den x-Werten aus und macht die Abweichungs-

e) Korrelationsrechnung (zu Tafel 10—12)

quadrate der Punkte von der Geraden, senkrecht zur x-Achse gemessen, zum Minimum, so ergibt sich der Richtungskoeffizient (Regressionskoeffizient) R nach der Formel

$$R = \frac{\sum_i (x_i - M_x)(y_i - M_y)}{\sum_i (x_i - M_x)^2}.$$

Regressions- und Korrelationskoeffizient hängen auf folgende Weise zusammen:

$$R^2 = r^2 \frac{\sum_i (y_i - M_y)^2}{\sum_i (x_i - M_x)^2}$$

$$R = r \cdot \frac{\sigma_y}{\sigma_x}.$$

Die Rechnungsvereinfachungen können sinngemäß von den r-Formeln übernommen werden. Die Zeichnung der Geraden erfolgt am einfachsten entsprechend der Formel

$$(y - M_y) = R \cdot (x - M_x),$$

indem durch den Schwerpunkt des Punktesystems mit den Koordinaten M_x und M_y die Gerade mit der Richtung R gelegt wird.

Oft, z. B. bei Zeitreihen, legt man eine Gerade durch Punkte, deren Abszissen gleiche Abstände voneinander haben (vgl. Beispiel 20). Dann bezeichnet man am besten die x-Werte der Reihe nach mit 1, 2, 3 ... n und führt damit die Rechnung durch. Es ist:

$$M_x = \frac{n+1}{2}$$

$$\sum_i (x_i - M_x)^2 = \frac{n \cdot (n^2 - 1)}{12}.$$

Im Beispiel 20 (Zunahme des Kartoffelertrages in Deutschland; Abb. 2) gestaltet sich die einfache Berechnung von R folgendermaßen:

Jahr	x	ha-Ertrag Kartoffeln (dz) (y)	$(y - M_y)$	$x \cdot (y - M_y)$
1924	1	131,9	—19,3	—19,3
1925	2	148,5	—2,7	—5,4
1926	3	108,8	—42,4	—127,2
1927	4	134,9	—16,3	—65,2
1928	5	144,9	—6,3	—31,5
1929	6	141,4	—9,8	—58,8
1930	7	167,9	16,7	116,9
1931	8	155,3	4,1	32,8
1932	9	163,3	12,1	108,9
1933	10	152,6	1,4	14,0
1934	11	160,9	9,7	106,7
1935	12	149,1	—2,1	—25,2
1936	13	165,9	14,7	191,1
1937	14	191,5	40,3	564,2
Summe		2116,9	+0,1	+802,0
Mittel		151,207		

Der Nenner von R ist

$$\sum_i (x_i - M_x)^2 = \frac{14 \cdot (14^2 - 1)}{12} = 227,5.$$

Für die Berechnung des Zählers von R ist unter Verwendung der entsprechenden Vereinfachungen, wie sie für r angegeben sind, A = 0 und B = M_y gesetzt. Es ergibt sich

$$R = \frac{+802,0}{227,5} = +3,525 \text{ dz pro Jahr.}$$

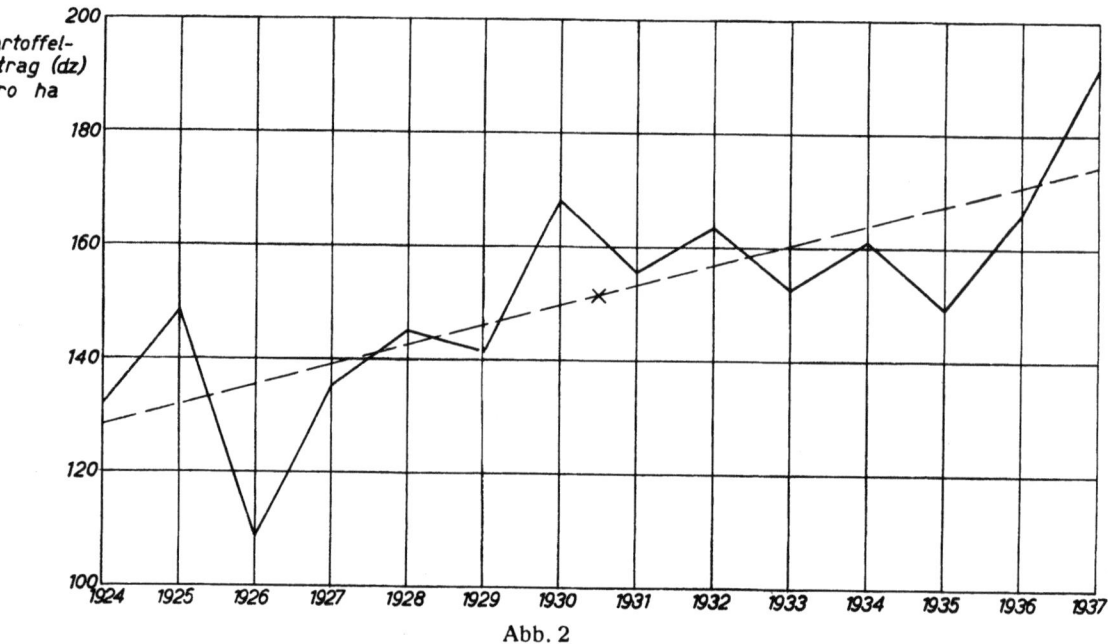

Abb. 2

Korrelations- und Richtungskoeffizient sind statistische Maßzahlen, die aus einer beschränkten Zahl von Beobachtungen gewonnen werden und deshalb nur innerhalb eines bestimmten Fehlerbereiches zuverlässig sind. Die Beurteilung dieses Bereiches ist in Tafel 10—12 durchgeführt.

f) Streuungszerlegung (zu Tafel 13)

Bei verschiedenen Aufgaben kann die von R. A. Fisher angegebene Methode der *Aufteilung der Streuung* angewandt werden. Sie beruht darauf, daß in einer Beobachtungsreihe, in der die einzelnen Werte nur Zufallsschwankungen aufweisen, bei jeder Gruppierung und Unterteilung der Zahlen die Mittelwerte und die mittleren Abweichungen ebenfalls nur Zufallsschwankungen aufweisen dürfen. Ist jedoch das Material nicht homogen, sondern kommen bei der einen oder anderen Gruppierung sachliche Unterschiede zutage, so werden die in den verschiedenen Gruppen berechneten mittleren Abweichungen überzufällige Unterschiede zeigen, die statistisch gesichert werden können. Auf diese Grundform des Streuungsvergleiches lassen sich sehr verschiedenartige statistische Aufgaben methodisch zurückführen. Das Rechenschema gestaltet sich im einfachsten Falle folgendermaßen:

Bildet man die Abweichung aller N einzelnen Beobachtungswerte vom Gesamtmittelwert M, so ist das Quadrat der mittleren Abweichung aus den verfügbaren (N—1) Freiheitsgraden (vgl. Anm. S. 1) als

$$\sigma^2 = \frac{1}{N-1} \cdot \sum_i (x_i - M)^2$$

zu berechnen.

Besteht das Material nun aus mehreren Gruppen, für welche das Vorliegen echter Unterschiede geprüft werden soll, so kann man die Abweichungen aller Einzelwerte von den Mittelwerten ihrer Gruppen bilden. Sind s Gruppen mit den Mittelwerten $M_1, M_2, M_3, \ldots, M_s$ im Material vorhanden, so beruht die Schätzung der mittleren Abweichung σ auf (N—s) Freiheitsgraden. Bei ausschließlichem Vorhandensein zufälliger Schwankungen ist also

$$\sigma_2^2 = \frac{1}{N-s} \left[\sum_i ({}_1x_i - M_1)^2 + \sum_i ({}_2x_i - M_2)^2 + \ldots + \sum_i ({}_sx_i - M_s)^2 \right]$$

wobei ${}_1x_i, {}_2x_i, \ldots, {}_sx_i$ die x-Werte in der 1-, 2-, ... s-ten Gruppe bedeuten, eine Schätzung von σ^2.

Schließlich kann man auch eine σ-Schätzung auf den s Gruppenmittelwerten aufbauen [(s—1) Freiheitsgrade]. Handelt es sich nur um Zufallsschwankungen, so ist

$$\sigma_1^2 = \frac{1}{s-1} [n_1 \cdot (M_1 - M)^2 + n_2 \cdot (M_2 - M)^2 + \ldots + n_s \cdot (M_s - M)^2],$$

f) Streuungszerlegung (zu Tafel 13)   13

wobei $n_1, n_2 \ldots n_s$ die Anzahl der in der 1,- 2-, ... s-ten Gruppe liegenden Werte bedeutet, ebenfalls eine Schätzung von σ^2. Die eckigen Klammern der beiden letzten Formeln ergeben zusammen stets die Quadratsumme der ersten Formel. Man hat damit die Gesamtstreuung im Material in einen Anteil „zwischen den Gruppen", der in der σ_1-Formel zum Ausdruck kommt, und einen Rest „innerhalb der Gruppen" zerlegt.

Um zu prüfen, ob echte Unterschiede zwischen den Gruppen vorliegen, berechnet man σ_1 und σ_2 und beurteilt das Verhältnis $Q = \sigma_1 : \sigma_2$ nach Tafel 13.

Beispiel: Eine Erhebung bei thüringischen Beamten ergab folgende Zahlen für den Zusammenhang zwischen der Kinderzahl der Ehen und dem Einkommen (Astel und Weber):

Bruttoeinkommen monatlich	Kinderzahl											zus.	Durchschnittliche Kinderzahl
	0	1	2	3	4	5	6	7	8	9	10		
100—300 RM	7	29	39	26	26	8	2	2	1	—	2	142	2,697
300—500 RM	95	256	330	175	90	36	23	6	3	2	—	1016	2,168
500—700 RM	82	204	279	159	78	31	18	9	3	2	—	865	2,218
700 u. mehr RM	40	92	151	82	40	11	3	—	—	—	—	419	2,084
zus.	224	581	799	442	234	86	46	17	7	4	2	2442	2,202

Man könnte diese Tabelle auch als Korrelationstabelle auffassen und den Korrelationskoeffizienten berechnen; hierbei würde man aber unnötigerweise die Annahme machen, daß eine etwa zugrunde liegende Beziehung geradlinig sei; das hier gewählte Vorgehen liefert dagegen, da es sich nicht auf eine solche Voraussetzung stützt, eine schärfere Prüfung auf das Vorhandensein eines Zusammenhanges.

Der Gesamtmittelwert M beträgt $\frac{5378}{2442} = 2,202$ Kinder pro Familie. Für die σ-Berechnungen ergeben sich folgende Werte:

	Zahl der Freiheitsgrade	Summe der Abweichungsquadrate	σ^2-Schätzung
Zwischen den Einkommengruppen	3	42,0	$14,0 = \sigma_1^2$
Innerhalb der Einkommengruppen	2438	5224,0	$2,14 = \sigma_2^2$
Insgesamt	2441	5266,0	

Die Ablesung in Tafel 13 (vgl. S. 64) ergibt, daß der Unterschied zwischen σ_1 und σ_2 über die Zufallsgrenzen hinausgeht. Das Vorliegen eines Zusammenhanges zwischen Einkommen und Kinderzahl am vorliegenden Material ist statistisch gesichert.

Man kann auch mehrfach Gruppen bilden und für jede dieser Gruppenbildungen eine σ^2-Schätzung entsprechend der σ_1^2-Formel vornehmen. So zerlegt man die Gesamtstreuung in mehrere Teilstreuungen „zwischen Gruppen" und einen Rest, den man durch Subtraktion der verschiedenen Werte der eckigen Klammern der σ_1^2-Formel von der Ausgangs-Quadratsumme erhält. Als Beispiel möge man die Zahlen von Beispiel 29 durchrechnen.

Dieses Verfahren gibt die Möglichkeit, Gruppen zu bilden, welche Störungsfaktoren enthalten und erfassen, die einem beabsichtigten Vergleich zahlenmäßig eine große Unsicherheit geben. Der durch diese Störungsgruppen erfaßte Anteil der Streuung wird vom Streuungsrest subtrahiert, der durch Erfassen vieler Arten von Fehlerquellen immer kleiner wird. Damit gewinnt der Hauptvergleich des σ_1-Wertes „zwischen den Gruppen", deren Unterschiede auf Echtheit zu prüfen sind, mit dem Rest-σ an Beweiskraft (vgl. Beispiel 29).

Anm.: Für eine ausführliche Darstellung des Verfassers über statistische Methoden sei auf den Abschnitt „Allgemeine statistische Methoden" im Handbuch der Erbbiologie des Menschen, herausgegeben von G. Just (Bd. II, S. 112—212, Berlin 1940) hingewiesen.

I. Rechentafeln

Tafel 1. Multiplikation und Division

Zur graphischen Ausführung von Multiplikationen und Divisionen sind zwei Fluchtlinientafeln 1a und 1b wiedergegeben. Sie sollen demjenigen Benutzer der Tafeln, der keinen Rechenschieber zur Hand hat, diese Rechnungen erleichtern. Die gewöhnliche Fluchtlinientafel für Multiplikation und Division (Tafel 1a) ist zwar übersichtlich und bequem zu benutzen, besitzt aber keine hohe Genauigkeit. Um auch genauere Rechnungen zu ermöglichen, wurde Tafel 1b eingefügt, welche zwar eine etwas komplizierte Ablesungsvorschrift benötigt, in ihrer Genauigkeit aber einem 25 cm langen Rechenschieber nur wenig nachsteht.

1a. Übersichtstafel

Multiplikation. Die Fluchtlinientafel dient zur Ausführung der Multiplikation

$$x \cdot y = z.$$

Man sucht auf der linken Skala den Wert des einen Faktors x auf, ebenso auf der rechten Skala den des anderen Faktors y und verbindet die beiden Punkte durch eine gerade Linie. Der Schnittpunkt dieser Geraden mit der mittleren Skala liefert den Wert z des Produktes. Die geradlinige Verbindung wird zweckmäßig nicht in die Tafel eingezeichnet, sondern am besten durch Auflegen eines durchsichtigen Lineals oder Dreiecks vorgenommen, auf dessen Unterseite in der Mitte ein gerader Strich eingeritzt ist.

Die x- und y-Skala laufen von 1 bis 10, die z-Skala von 1 bis 100. Multiplikationen von Zahlen dieser Größenordnung können unmittelbar vorgenommen werden. Bei anderer Größenordnung führt man durch Abspaltung von Potenzen von 10 bzw. $1/10$ die Zahlen auf die Größenordnung der Skala zurück. Es empfiehlt sich, dies nicht im Kopf, sondern schriftlich vorzunehmen. Z. B. ist 12,45 in die „Grundzahl" 1,245 und den „Stellenwert" 10 aufzuspalten; 0,0238 in die Grundzahl 2,38 und den Stellenwert 0,01. Die Stellenwerte werden multipliziert und ergeben den Stellenwert des Produktes.

Beispiele: genaue Werte
$2{,}36 \cdot 7{,}45 = 17{,}6$ 17,5820
$12{,}45 \cdot 283 = 1{,}245 \cdot 2{,}83 \cdot (10 \cdot 100) = 3{,}52 \cdot 1000 = 3520$ 3523,35
$0{,}0238 \cdot 0{,}0693 = 2{,}38 \cdot 6{,}93 \cdot (0{,}01 \cdot 0{,}01) = 16{,}5 \cdot 0{,}0001 = 0{,}00165$. 0,00164934
$9850 \cdot 0{,}113 = 9{,}85 \cdot 1{,}13 \cdot (1000 \cdot 0{,}1) = 11{,}1 \cdot 100 = 1110$ 1113,05

Division. Man kann die Division in zwei gleichberechtigten Ablesungsformen durchführen:

$$z:y = x \quad \text{oder} \quad z:x = y.$$

Man sucht stets den Dividendus (Zähler eines Bruches) in der mittleren Skala auf, den Divisor (Nenner) in der linken oder rechten Skala, verbindet die beiden Punkte geradlinig und liest an der dritten (rechten oder linken) Skala den gesuchten Wert des Quotienten ab.

Die Berücksichtigung der Stellenzahl erfolgt zweckmäßig analog dem Vorgehen bei der Multiplikation durch Aufspaltung in Grundzahl und Stellenwert. Die Grundzahl des Divisors x (oder y) hat stets *eine* Stelle vor dem Komma; ebenso z, wenn es ziffernmäßig größer als x (bzw. y) ist. Ist z aber ziffernmäßig kleiner als x (bzw. y), so muß die Grundzahl von z eine Einer- *und* eine Zehnerstelle erhalten (vgl. das zweite Beispiel). Die beiden Stellenwerte werden dividiert und ergeben den Stellenwert des Quotienten.

Beispiele: genaue Werte
$8{,}55:4{,}20 = 2{,}035$ 2,0357
$383:417 = (38{,}3:4{,}17) \cdot (10:100) = 9{,}19 \cdot 0{,}1 = 0{,}919$ 0,91847
$0{,}714:0{,}000325 = (7{,}14:3{,}25) \cdot (0{,}1:0{,}0001) = 2{,}195 \cdot 1000 = 2195$ . . 2196,92

Die Tafel reicht nur für gröbere Rechnungen aus; die Genauigkeit einer Rechnung beträgt etwa 0,3% des Ergebniswertes.

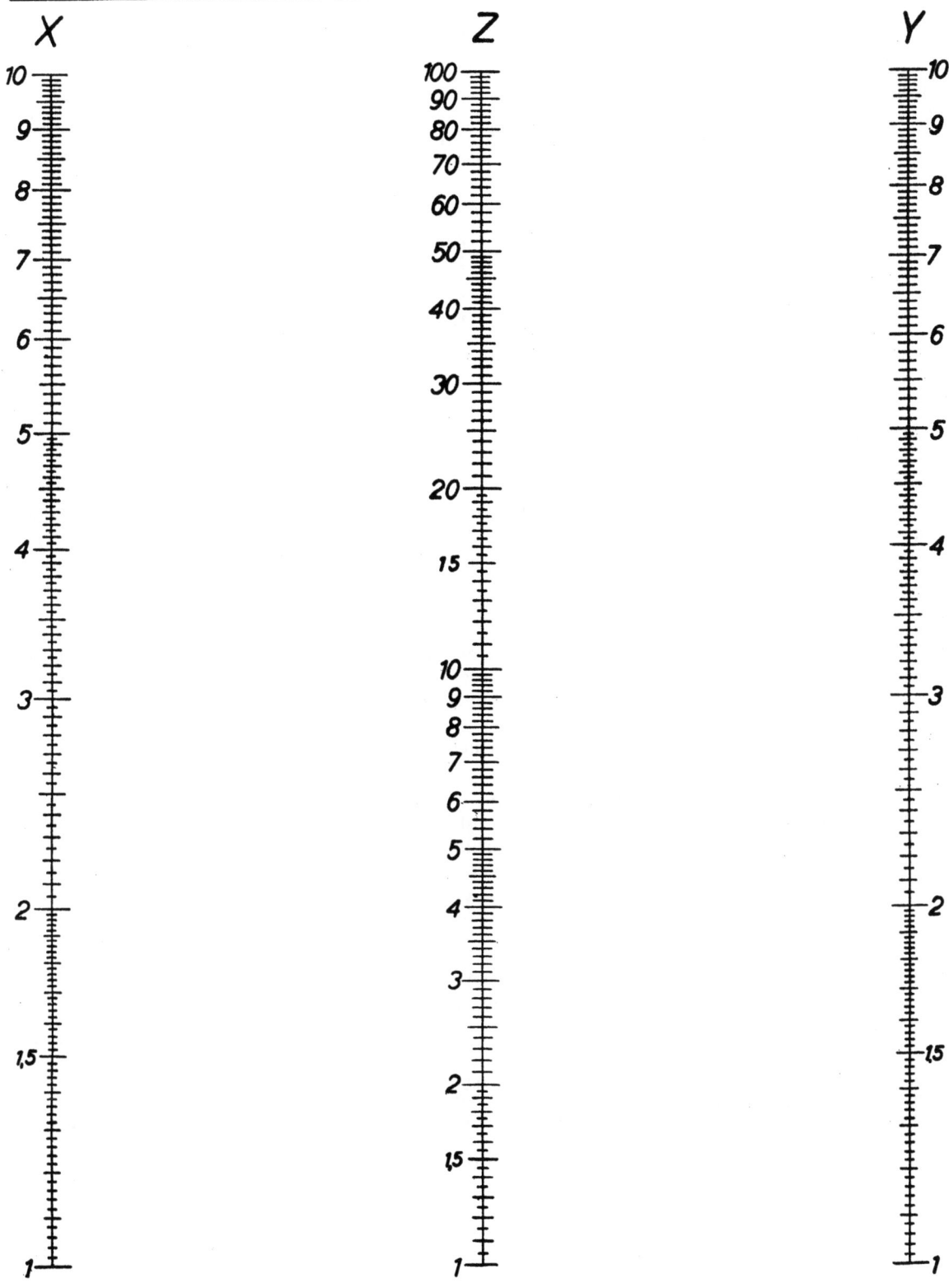

Tafel 1a. **Multiplikation und Division.** Übersicht.

Tafel 1b. Multiplikation und Division (Feineinteilung)

Die Fluchtlinientafel unterscheidet sich von der Tafel 1a nur durch die feinere Einteilung, die vor allem dadurch erreicht ist, daß jeder der drei Skalenträger links und rechts verschiedene Skalen trägt. Die Ablesung ist im Prinzip die gleiche wie in Tafel 1a, nur muß für die Benutzung der links- und rechtsseitigen Skalen folgendes Schema beachtet werden, bei dem die linke Skala jeder Geraden durch einen Index L, die rechte durch R bezeichnet ist:

Ablesevorschrift bei Multiplikation

$$x_L \cdot y_L = z_L$$
$$x_R \cdot y_R = 10\, z_L$$
$$x_L \cdot y_R = z_R$$
$$x_R \cdot y_L = z_R$$

Die Stellenzahl ist durch Aufspaltung in Grundzahl und Stellenwert genau so in die Rechnung einzubeziehen wie in Tafel 1a.

Beispiele: genaue Werte

$1{,}546 \cdot 1{,}219 = 1{,}884$ . . . . ($x_L \cdot y_L = z_L$) . . . 1,884574

$0{,}4875 \cdot 2{,}106 = 4{,}875 \cdot 2{,}106 \cdot (0{,}1 \cdot 1) = 10{,}27 \cdot 0{,}1 = 1{,}027$ ($x_R \cdot y_L = z_R$) . . . 1,026675

$326{,}2 \cdot 51{,}7 = 3{,}262 \cdot 5{,}17 \cdot (100 \cdot 10) = 16{,}85 \cdot 1000 = 16850$ ($x_R \cdot y_R = 10\,z_L$) . . 16864,54

Bei der *Division* beginnt man zweckmäßig mit dem Divisor (Nenner) auf einem der seitlichen Skalenträger, z. B. x. Die Grundzahl von x hat eine Stelle vor dem Komma, ebenso z, wenn es ziffernmäßig größer als x ist. Ist z ziffernmäßig kleiner, so erhält die Grundzahl zwei Stellen vor dem Komma.

Ist der Divisor kleiner als 3,2, ist also x_L aufzusuchen, so wird bei einem Dividendus z_L der Quotient als y_L abgelesen, entsprechend bei z_R als y_R.

Ist x größer als 3,2, so muß man von x_R ausgehen. Der Dividendus ist entweder als z_R oder als $10\,z_L$ aufzusuchen; dementsprechend das Ergebnis als y_L oder y_R. Das doppelte Vorhandensein des Bereichs von 3 bis 32 auf dem mittleren Skalenträger kann zu keinen Irrtümern Anlaß geben, da stets nur einer der beiden Werte, mit einem x verbunden, zum Schnitt mit der y-Skala führt.

Ausführung einer Division

1. Aufspaltung in Grundzahl und Stellenwert.
2. Divisor (Nenner) als x_L oder x_R aufsuchen.
3. Dividendus (Zähler) als z_L, z_R oder $10\,z_L$ aufsuchen. Bei doppelt vorhandenem z (zwischen 3,16 und 31,6) dasjenige wählen, dessen Verbindungslinie mit x die y-Skala schneidet.
4. Ergebnis auf der y-Skala nach folgender Vorschrift ablesen:

$$z_L : x_L = y_L$$
$$z_R : x_L = y_R$$
$$10\,z_L : x_R = y_R$$
$$z_R : x_R = y_L$$

5. Stellenwert der in (4) ermittelten y-Grundzahl bestimmen.

Beispiele: genaue Werte

$18{,}97 : 1{,}385 = (1{,}897 : 1{,}385) \cdot (10 : 1) = 1{,}370 \cdot 10 = 13{,}70$ . . . . . ($z_L : x_L = y_L$) . . . 13,697

$0{,}249 : 0{,}276 = (24{,}9 : 2{,}76) \cdot (0{,}01 : 0{,}1) = 9{,}02 \cdot 0{,}1 = 0{,}902$ . . . . . ($z_R : x_L = y_R$) . . . 0,9022

$0{,}2573 : 448{,}3 = (25{,}73 : 4{,}483) \cdot (0{,}01 : 100) = 5{,}74 \cdot 0{,}0001 = 0{,}000574$ ($10\,z_L : x_R = y_R$) . . 0,0005739

$501{,}6 : 39{,}75 = (5{,}016 : 3{,}975) \cdot (100 : 10) = 1{,}262 \cdot 10 = 12{,}62$ . . . . ($z_R : x_R = y_L$) . . . 12,6189

Die Genauigkeit einer Rechnung beträgt etwa 0,1 % des Ergebniswertes.

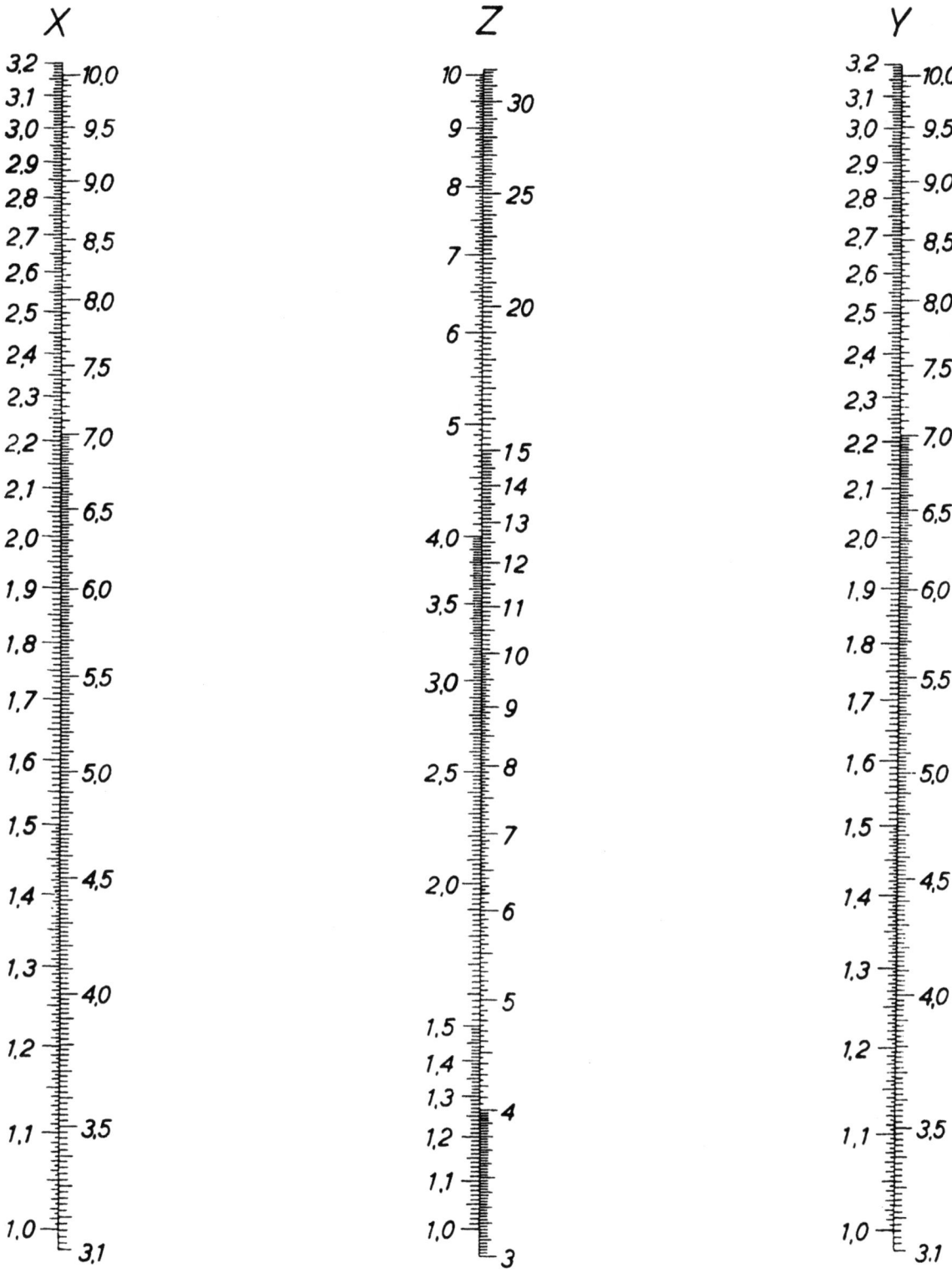

Tafel 1b. **Multiplikation und Division.** Feineinteilung.

Tafel 2. Quadrate und Quadratwurzeln

Auf den linken Seiten der fünf Doppelskalen befindet sich eine x-Einteilung von 1 bis 10, auf den rechten Seiten stehen die Werte von x^2 von 1 bis 100.

Zum Aufsuchen des *Quadrates* einer gegebenen Zahl spaltet man von dieser zunächst die Zehnerpotenzen als „Stellenwert" ab, so daß die „Grundzahl" eine gültige Stelle vor dem Komma hat. Dann liest man in der Tafel die Quadratzahl ab und multipliziert sie mit dem quadrierten Stellenwert.

Beispiele: genaue Werte

$3{,}452^2 = 11{,}92$ 11,916304

$633^2 = 6{,}33^2 \cdot 100^2 = 40{,}07 \cdot 10000 = 400700$ 400689

$0{,}04725^2 = 4{,}725^2 \cdot 0{,}01^2 = 22{,}33 \cdot 0{,}0001 = 0{,}002233$. . . . 0,0022325625

Zum Aufsuchen der *Quadratwurzel* einer gegebenen Zahl spaltet man diese in die Grundzahl und einen Stellenwert auf, welcher eine Potenz von 100 bzw. $^1/_{100}$ ist, also eine aus einer 1 und zwei, vier, sechs . . . Nullen bestehende Zahl, d. h. 100, 10000, 1000000 . . . bzw. 0,01; 0,0001; 0,000001; . . . Dann sucht man in der Tafel den Grundwert auf der rechten Seite der Doppelskalen (unter der Überschrift x^2) auf, bestimmt den zugehörigen Wert der linken Seite. Dieses ist die Grundzahl der gesuchten Quadratwurzel; sie ist noch mit ihrem Stellenwert, der nur halb so viele Nullen hat wie der Stellenwert der Ausgangszahl, zu multiplizieren.

Beispiele: genaue Werte

$\sqrt{376{,}4} = \sqrt{3{,}764} \cdot \sqrt{100} = 1{,}94 \cdot 10 = 19{,}4$ 19,401

$\sqrt{5489} = \sqrt{54{,}89} \cdot \sqrt{100} = 7{,}409 \cdot 10 = 74{,}09$ 74,088

$\sqrt{0{,}3151} = \sqrt{31{,}51} \cdot \sqrt{0{,}01} = 5{,}613 \cdot 0{,}1 = 0{,}5613$ 0,56134

$\sqrt{0{,}00001173} = \sqrt{11{,}73} \cdot \sqrt{0{,}000001} = 3{,}425 \cdot 0{,}001 = 0{,}003425$ . . . 0,0034249

Die Genauigkeit der Tafel 2 entspricht der eines 100 cm langen Rechenschiebers.

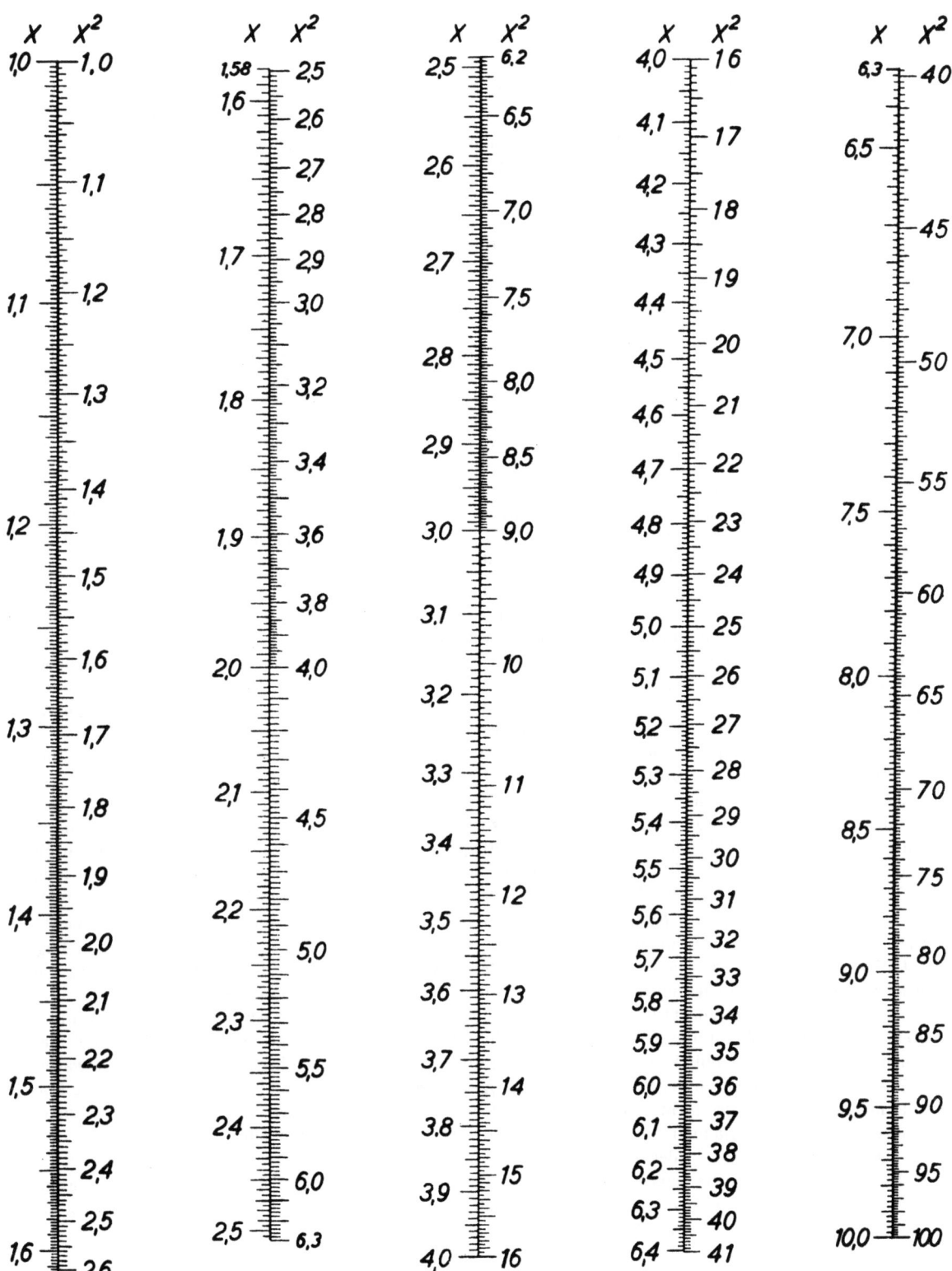

Tafel 2. **Quadrate und Quadratwurzeln.**

II. Die Beurteilung von Häufigkeitsziffern

Tafel 3. Prüfung einer Grundwahrscheinlichkeit an einer Beobachtungsreihe
(direkter Schluß)

Es soll geprüft werden, ob eine Reihe von n Beobachtungen, unter denen z „Treffer"[1]) waren, mit der Annahme einer zugrunde liegenden Trefferwahrscheinlichkeit p vereinbar ist. Tafel 3 gibt zu jeder Grundwahrscheinlichkeit p die Grenzen an, innerhalb deren bei bestimmter Beobachtungszahl n die in echten Stichproben zu findenden Häufigkeiten $P = \frac{100\,z}{n}$ %, fast sämtlich — d. h. definitionsgemäß 99,73% von ihnen — liegen.

Zur *Ablesung der oberen Grenze* P_o geht man von der zu prüfenden Grundwahrscheinlichkeit p auf der oberen horizontalen Skala aus und verfolgt diesen Wert bis zum Schnitt mit der für die Beobachtungszahl n geltenden Kurve. Die Ordinate des Schnittpunktes, gemessen in der vertikalen Skala, gibt an, um wieviel Prozent (P_o—p) die obere Grenze der mit p vereinbaren Häufigkeiten über p liegt. Die *Ablesung der unteren Grenze* erfolgt in gleicher Weise von der unteren Horizontalskala aus; die Ordinate des Schnittpunktes mit der n-Kurve gibt die Differenz (p—P_u) an, um die die untere Grenze der mit p vereinbaren Häufigkeiten unter p liegt. Zwischenwerte sind unter sinngemäßer Berücksichtigung des Skalenverlaufes zwischen den Nachbarwerten anzunehmen. Die beiden horizontalen Skalen ergänzen sich an jeder Stelle zu 100%, da der Abstand der unteren Grenze P_u von p gleich dem der oberen Grenze P_o' von p' = 100%—p ist.

Beispiel 1. Aus einer Kreuzung rotblühender Pflanzen mit weißblühenden werden nach einer zu prüfenden Erbhypothese p = 50% rotblühende Nachkommen erwartet. Unter 350 Pflanzen fanden sich aber nur 155 = 44,3% mit roten Blüten. Sind Theorie und Beobachtung miteinander vereinbar? — Die Ablesung ergibt, daß die untere Grenze P_u der mit der Grundwahrscheinlichkeit p = 50% verträglichen Häufigkeiten bei n = 350 Beobachtungen um eine Differenz p—P_u = 8,0% unter 50% liegt. Die untere Grenze hat also den Wert 42,0%; die beobachtete Häufigkeit von 44,3% liegt demnach im „erlaubten Schwankungsbereich". Theorie und Beobachtung sind miteinander vereinbar.

Beispiel 2. In bestimmten unsortierten Warenlieferungen sind nach langer Erfahrung durchschnittlich 20% Stücke der ersten Sorte vorhanden. In einer Lieferung fanden sich unter 1000 Stück nur 150 erstklassige. Kann es sich um eine „erlaubte Abweichung" innerhalb der Zufallsgrenzen handeln, oder muß man annehmen, daß ein Teil der guten Stücke vorher aussortiert wurde? — Die Ablesung ergibt, daß die untere Grenze der mit der Grundwahrscheinlichkeit p = 20% verträglichen Häufigkeit bei n = 1000 Beobachtungen um 3,8% (genauer: 3,78) unter der Grundwahrscheinlichkeit liegt. Die beobachtete Abweichung von 5% ist deutlich größer. Die Annahme einer vorherigen Aussortierung erscheint hiernach begründet.

Sollte man allerdings aus früheren Erfahrungen bereits wissen, daß die Häufigkeit der Stücke der ersten Sorte sehr stark zu schwanken pflegt (sog. „übernormale Dispersion"), so müßte man nach der Lage des Falles spezielle Methoden heranziehen, die auf der Häufigkeitsverteilung des Anteils der erstklassigen Stücke in den früheren Lieferungen beruhen. Vgl. auch Beispiel 7a und 7b auf S. 43.

Beispiel 3. Bei einer Vorführung soll an einer größeren Stichprobe gezeigt werden, daß eine bestimmte Fadenart eine übermäßig starke Zerreißprobe noch in 70% auszuhalten pflegt. Wieviel Proben muß man machen, damit beim Ergebnis keine größeren Zufallsabweichungen als zwischen 60 und 80% zu erwarten sind? — Die Bereichsgrenzen liegen nur bei p = 50% und bei sehr großem n symmetrisch um p; die Formulierung der Frage ist also nicht ganz richtig. Zunächst soll abgelesen werden, bei wieviel Beobachtungen die obere Grenze der „erlaubten" Häufigkeiten gerade 10% über der Grundwahrscheinlichkeit p = 70% liegt. Der Schnittpunkt der beiden entsprechenden Koordinatenstriche liegt etwas unterhalb der Kurve für n = 180 Beobachtungen, schätzungsweise bei 187. Für die untere Grenze ergibt eine entsprechende Ablesung ein n von etwa 212. Man wird sich in diesem Fall nach der unteren Grenze richten und bei 212 Proben das Ergebnis innerhalb der Grenzen 60% und 79,4% erwarten.

---

[1]) „Treffer" oder „Ereignis" sei die allgemeine Bezeichnung für die Beobachtungen einer bestimmten Art, deren Häufigkeit man betrachten will, kann also jeweils Heilungserfolge, Materialfehler, rote Blütenfarbe o. a. bedeuten.

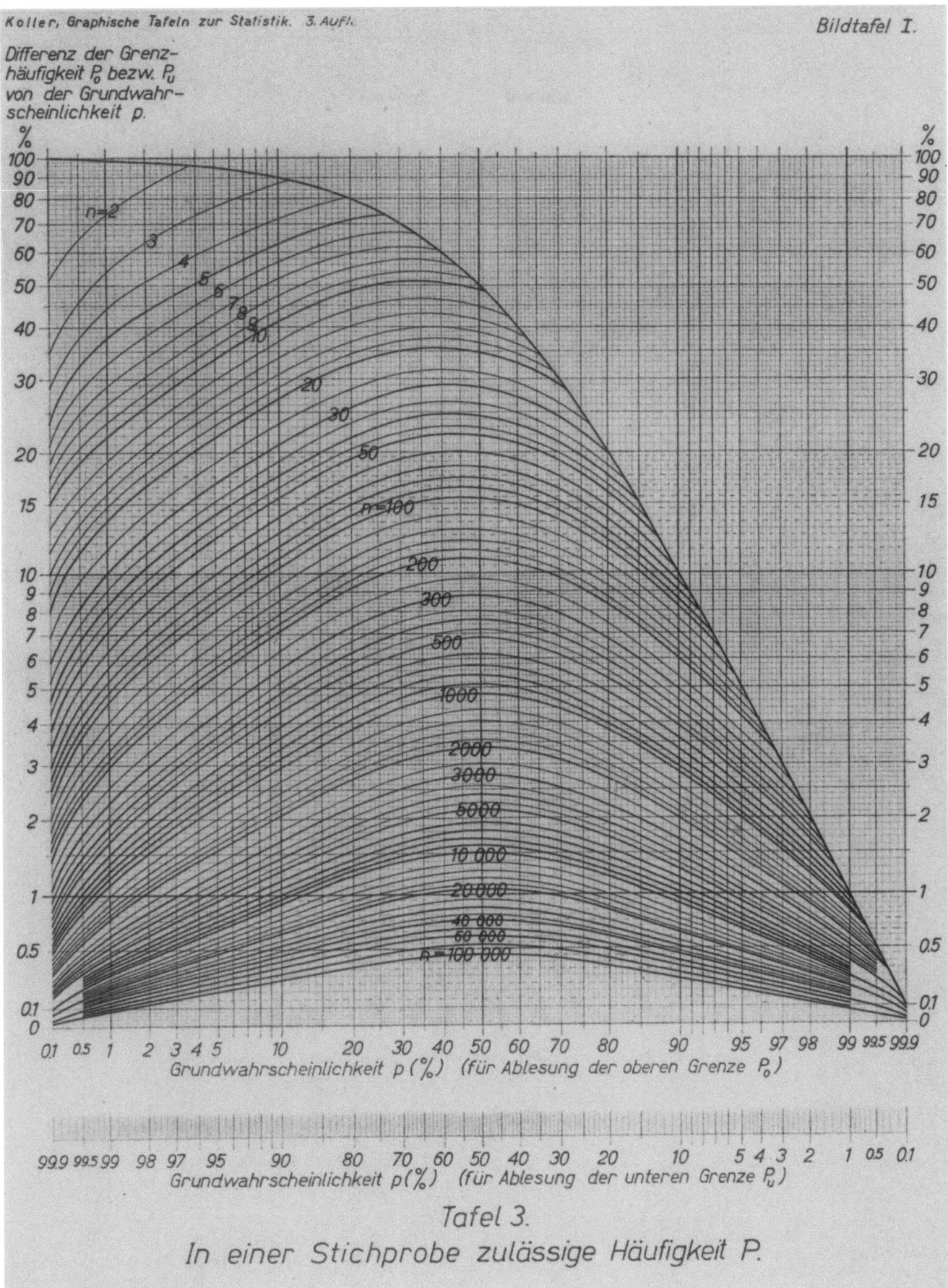

Tafel 3.
In einer Stichprobe zulässige Häufigkeit P.

Tafel 3. Prüfung einer Grundwahrscheinlichkeit an einer Beobachtungsreihe

Grundlagen der Tafel 3

Es bestehe die Wahrscheinlichkeit p für den Eintritt eines bestimmten Ereignisses. Die Wahrscheinlichkeit dafür, daß unter n Beobachtungen das Ereignis z-mal eintritt, beträgt

$$\frac{n!}{z!(n-z)!} p^z (1-p)^{n-z}.$$

Die untere Grenze z_u der „erlaubten" Ereigniszahlen ist dadurch gegeben, daß z_u und alle noch kleineren Anzahlen zusammen nur mit der Wahrscheinlichkeit von mindestens $\frac{\varepsilon}{2} = 0,135\%$ auftreten sollen und daß ohne z_u für die kleineren Anzahlen allein die Wahrscheinlichkeit unter $\frac{\varepsilon}{2}$ liegt:

$$\sum_{z=0}^{z_u} \frac{n!}{z!(n-z)!} p^z (1-p)^{n-z} \geq \frac{\varepsilon}{2} > \sum_{z=0}^{z_u-1} \frac{n!}{z!(n-z)!} p^z (1-p)^{n-z}.$$

Entsprechend ist die obere Grenze z_o der Ereigniszahlen durch die Ungleichungen

$$\sum_{z=z_o}^{n} \frac{n!}{z!(n-z)!} p^z (1-p)^{n-z} \geq \frac{\varepsilon}{2} > \sum_{z=z_o+1}^{n} \frac{n!}{z!(n-z)!} p^z (1-p)^{n-z}$$

bestimmt. Bei großem n und in der Nähe von $1/2$ liegendem p ist die binomische Verteilung der Ereigniszahlen durch eine Normalverteilung mit einer mittleren Abweichung $\sigma = \sqrt{p(1-p)n}$ zu ersetzen. Dann ist der Bereich von 3σ oberhalb und unterhalb der erwarteten Anzahl $n \cdot p$ als „erlaubt" anzusehen. Die untere Grenze z_u ist durch

$$z_u + \frac{1}{2} \geq n \cdot p - 3\sqrt{p(1-p)n} > z_u - \frac{1}{2}$$

festgelegt. Für die obere Grenze z_o gilt

$$z_o - \frac{1}{2} \leq n \cdot p + 3\sqrt{p(1-p)n} < z_o + \frac{1}{2}.$$

In Tafel 3 sind statt der Grenzen der Ereigniszahlen z die entsprechenden Grenzen der Häufigkeiten $P = \frac{z}{n}$ dargestellt. Um einen glatten Kurvenverlauf zu erhalten, sind für die Zeichnung die linken Seiten der Ungleichungen gleich $0,135\%$ gesetzt und nach z unter Verwendung auch gebrochener z-Werte durch graphische Interpolation aufgelöst worden. Die in der Interpolation steckende Willkür bleibt ohne Einfluß auf die Entscheidung bei den tatsächlich vorkommenden ganzzahligen Werteverbindungen. Die Kurven bis $n = 100$ sind vollständig nach den binomischen Formeln berechnet; für größeres n ist in einem allmählich breiter werdenden Bereich um $p = 1/2$ die 3σ-Rechnung zugrunde gelegt.

Tafel 4. Rückschluß von einer Beobachtungsreihe auf die unbekannte Grundwahrscheinlichkeit

In einer Reihe von n Beobachtungen ist ein bestimmtes Ereignis z-mal, also mit der Häufigkeit $P = \frac{100\,z}{n}\%$, eingetreten. Innerhalb welcher Grenzen kann man die zugrunde liegende Wahrscheinlichkeit annehmen? Aus Tafel 4 ist als obere Grenze diejenige Wahrscheinlichkeit p_o zu entnehmen, bei der z oder weniger Treffer in einer Stichprobe vom Umfang n gerade mit der Zufallsziffer $\frac{\varepsilon}{2} = 0{,}135\%$ zu erwarten sind; als untere Grenze diejenige Wahrscheinlichkeit, bei der z oder mehr Treffer mit der Zufallsziffer $\frac{\varepsilon}{2}$ auftreten.

Zur *Ablesung der oberen Grenze* p_o geht man von der beobachteten Häufigkeit P auf der oberen horizontalen Skala aus und verfolgt diesen Wert nach oben bis zum Schnitt mit der für die Beobachtungszahl n geltenden Kurve. Die Ordinate des Schnittpunktes, gemessen in der vertikalen Skala, gibt an, um wieviel Prozent (p_o—P) die obere Grenze der möglichen Grundwahrscheinlichkeiten über P liegt. Die *Ablesung der unteren Grenze* erfolgt in gleicher Weise von der unteren Horizontalskala aus; die Ordinate des Schnittpunktes mit der n-Kurve gibt die Differenz (P—p_u) an, um die die untere Grenze der Grundwahrscheinlichkeiten unter P liegt. Zwischenwerte sind unter sinngemäßer Berücksichtigung des Skalenverlaufes zwischen den Nachbarwerten anzunehmen. Die beiden horizontalen Skalen ergänzen sich an jeder Stelle zu 100%, da der Abstand der unteren Grenze p_u von P gleich dem der oberen Grenze von 100%—P ist.

Beispiel 4. Unter 20 Kranken mit einem bestimmten Leiden sind durch die Behandlung 6 geheilt worden. Innerhalb welcher Grenzen muß man die zugrunde liegende Erfolgswahrscheinlichkeit der Behandlungsart annehmen? — Man sucht die beobachtete Häufigkeit $P = 30\%$ zunächst in der oberen Horizontalskala auf und liest am Schnittpunkt mit der Kurve für n = 20 ab, daß die obere Grenze der Grundwahrscheinlichkeit um 35,3% über 30% liegt; dann geht man von $P = 30\%$ in der unteren Horizontalskala aus und liest am Schnittpunkt mit der gleichen Kurve ab, daß die untere Grenze um 23,7% unter 30% liegt. Die Erfolgswahrscheinlichkeit der Behandlung ist also zwischen 6% und 65% anzunehmen; eine genauere Aussage ist bei nur 20 Beobachtungen nicht berechtigt.

Beispiel 5. Bei einer Fabrikationskontrolle findet man unter 1000 geprüften Gegenständen 17 minderwertige. Zwischen welchen Grenzen hat man die durch die Fehlerquellen des Herstellungsganges bedingte Wahrscheinlichkeit für minderwertige Erzeugnisse anzunehmen? Man liest bei $P = 1{,}7\%$ ab, daß die obere Grenze um 1,61% über P und die untere Grenze um 0,97% unter P liegt. Der aus der Beobachtung zu folgernde Bereich der Grundwahrscheinlichkeit erstreckt sich also von 0,7% bis 3,3%. (Vgl. S. 27 unten)

Nullergebnis. Wenn ein Ereignis bei n Beobachtungen keinmal aufgetreten ist, wenn man aber nach der ganzen Sachlage annehmen muß, daß bei weiterer Fortsetzung der Beobachtungen das Ereignis auftreten wird, sein bisheriges Ausbleiben also nur am geringen Umfang des Materials gelegen hat, so ist Tafel 4 nicht anzuwenden. Es liegt eine *einseitige* Fragestellung (vgl. S. 7) vor, indem die Beobachtung Null sicher eine Zufallsabweichung nach unten ist. Dementsprechend ist hier die ganze Zufallsziffer $\varepsilon = 0{,}27\%$ der oberen Grenze zuzuteilen. Die praktische Beurteilung eines Nullergebnisses dieser Art erfolgt nach der nebenstehenden kleinen Doppelskala (Abb. 3). Aus dieser liest man das n-fache der oberen Grenze der mit dem Nullergebnis vereinbaren Grundwahrscheinlichkeit ab.

Entsprechend ist vorzugehen, wenn ein Ereignis bei n Beobachtungen keinmal gefehlt hat.

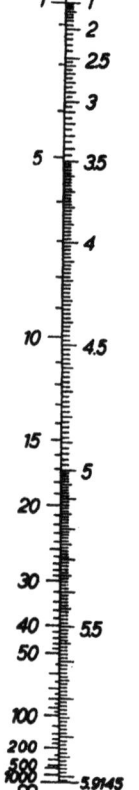

Abb. 3. Beurteilung eines Nullergebnisses. n-facher Wert der oberen Grenze der Grundwahrscheinlichkeit.

Beispiel 6. Bei der Musterung befand sich unter 200 Dienstpflichtigen aus einer Gegend kein Schwachsinniger. Was folgt daraus über die Schwachsinnshäufigkeit, wenn man als sicher annimmt, daß Schwachsinn überhaupt vorkommt? Aus der Abb. 3 ergibt sich die obere Grenze der Wahrscheinlichkeit zu 5,83 : 200 = 2,9%.

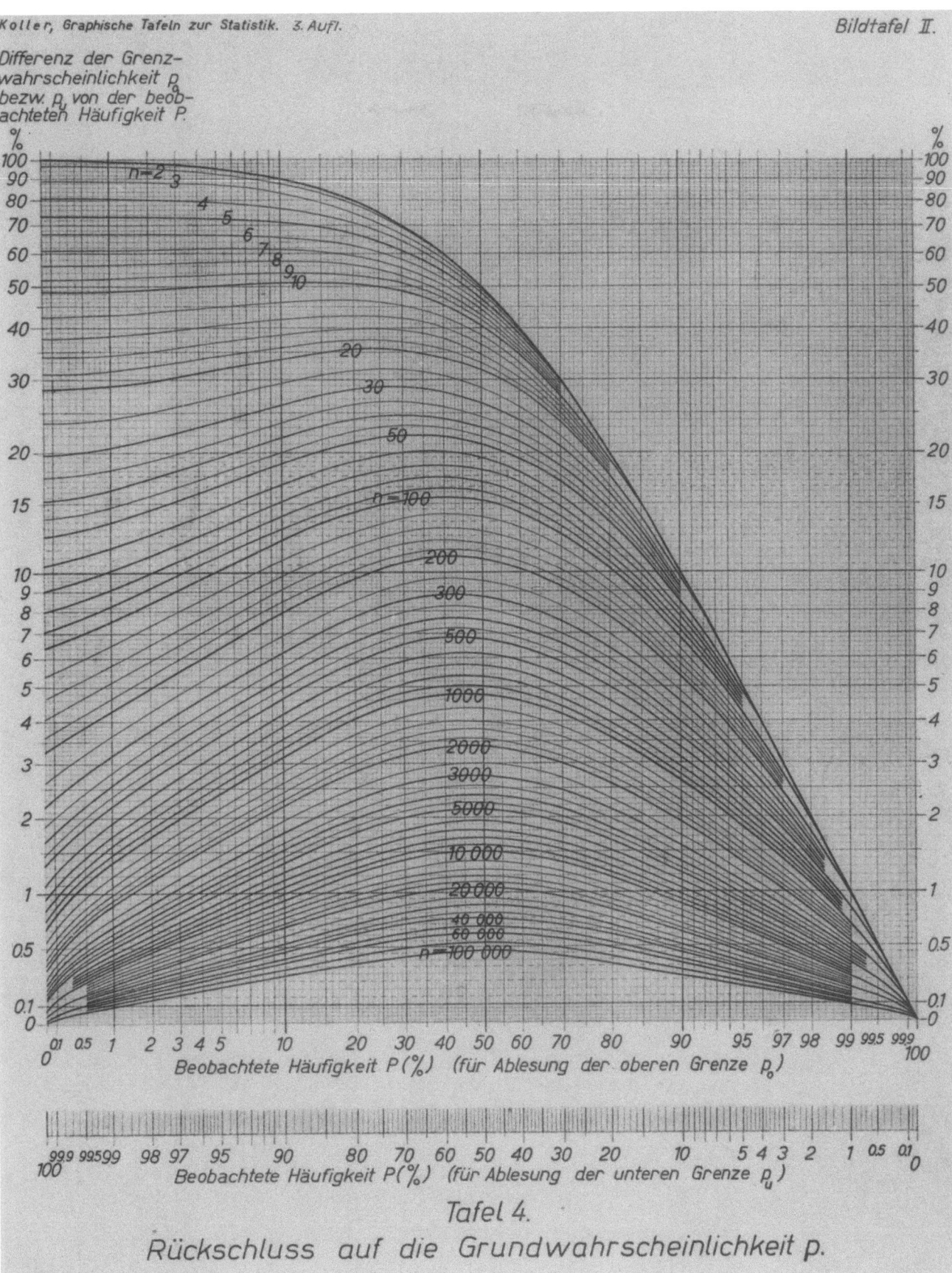

Tafel 4.
Rückschluss auf die Grundwahrscheinlichkeit p.

Grundlagen der Tafel 4

Als Voraussetzung ist angenommen, daß das Ergebnis eine Zufallsabweichung von der Grundwahrscheinlichkeit sowohl nach oben als auch nach unten sein kann. Für jede Möglichkeit ist die halbe Zufallsziffer, also $0{,}135\,\%$, in Ansatz gebracht. Die obere Grenze p_0 ist so bestimmt, daß

$$\sum_{i=0}^{z} \binom{n}{i} p_0^i (1-p_0)^{n-i} = 0{,}00135$$

ist. Für die untere Grenze p_u gilt dementsprechend

$$\sum_{i=z}^{n} \binom{n}{i} p_u^i (1-p_u)^{n-i} = 0{,}00135.$$

Für große Werte von z, $n-z$ und n sind statt dessen die Formeln

$$z + 1/2 = n \cdot p_0 - 3\sqrt{p_0(1-p_0)\,n} \quad \text{und} \quad z - 1/2 = n \cdot p_u + 3\sqrt{p_u(1-p_u)\,n}$$

benutzt, die auf der Normalverteilung beruhen.

Diese Bestimmung der Bereichsgrenzen der Grundwahrscheinlichkeit p setzt nur voraus, daß die Werte des Bereichs im gegebenen Falle als Wahrscheinlichkeit denkbar sind. Im übrigen wird das Verfahren des direkten Schlusses von der — hypothetischen — Grundgesamtheit auf die Stichprobe (Tafel 3) angewandt. Dieses Verfahren ist dem Rückschluß gemäß dem Bayes'schen Theorem, bei dem als Voraussetzung die Ausgangsannahme der Gleichwahrscheinlichkeit aller p-Werte zwischen Null und Eins gefordert wird, logisch überlegen.

Die Werte von Tafel 3 und 4 entsprechen einander.

Bei einem *Nullergebnis*, dem sicher eine von Null verschiedene Wahrscheinlichkeit zugrunde liegt, gilt für die obere Grenze p_0 der Grundwahrscheinlichkeit:

$$(1-p_0)^n = 0{,}0027.$$

Da $n \cdot p_0$ für wachsendes n schnell gegen $\log \text{nat}\, \dfrac{1}{0{,}0027} = 5{,}91$ konvergiert, wird am bequemsten $n \cdot p_0$ dargestellt (Abb. 3).

(Fortsetzung von Seite 24)

Bei den bisherigen Zahlenprüfungen ist die zugrunde liegende Gesamtheit stets als „unendlich groß", d. h. sehr groß gegenüber dem Umfang n der Beobachtungsreihe angenommen worden. Wenn das nicht der Fall ist, wenn also die Beobachtungsreihe selbst einen merklichen Teil des Kollektivs ausmacht, ist der Zufallsbereich enger, als nach Tafel 3 und 4 abzulesen ist.

Eine auch für kleine Zahlen gültige Lösung dieser Aufgabe kann mit Hilfe der Differenztafeln 5 und 6 erfolgen. Diesen Tafeln liegt die Annahme eines Kollektivs zugrunde, das aus zwei Beobachtungsreihen vom Umfang n_1 und n_2 zusammengesetzt ist. Die Tafeln geben die äußersten Grenzen an, in denen zwei aus demselben Kollektiv entnommene Stichproben noch miteinander verträglich sein können. Geht man von der Beobachtungsreihe mit dem Umfang $n_1 = n$ aus, so kann man ablesen, welche Extremwerte im Rest des Kollektivs (Umfang $n_2 = N-n$) gerade noch vorkommen können.

Beispiel 5a. Wenn im Beispiel 5 die geprüften $n = n_1 = 1000$ Gegenstände mit 17 Ausschußstücken eine Stichprobe aus einer Produktionsserie von $N = 2000$ Stück sind, so gibt Tafel 5 an, welcher höchste und welcher niedrigste Ausschuß-Prozentsatz in den restlichen $n_2 = N-n = 1000$ vorliegen könnte. Man liest für die Ausgangshäufigkeit 1,7% ab, daß die höchste zulässige Zufallsdifferenz 2,26% nach oben bzw. 1,37% nach unten beträgt. Im Rest sind also mindestens 3 und höchstens 40, in der gesamten Serie von 2000 Stück mindestens 20 und höchstens 57 Ausschußstücke anzunehmen.

Beispiel 5b. Beträgt die Produktionsserie $N = 5000$ Stück, so ist zur Abschätzung des Restes von $n_2 = N-n = 4000$ noch Tafel 6 heranzuziehen. Für $n_2 : n_1 = 4$ findet man dort, daß sich die in Tafel 5 abgelesenen Differenzen von 2,26% auf 1,78% und von 1,37% auf 1,08% reduzieren. Im Rest liegt also die Ausschußziffer zwischen 0,62% und 3,48%, die Anzahl zwischen 25 und 139, in der gesamten Produktionsserie von 5000 demnach zwischen 42 und 156.

Bei großen Werten von N kann man auch so vorgehen, daß man in Tafel 4 (bzw. 3) die für ein unendlich großes Kollektiv gültigen Grenzdifferenzen abliest und diese dann mit dem Faktor $\sqrt{1-\dfrac{n}{N}}$ multipliziert.

Tafel 5. Vergleich der in zwei Reihen beobachteten Häufigkeiten bei gleichem Umfang der Reihen

In einer Reihe mit n Beobachtungen sei ein bestimmtes Ereignis z_1-mal, in einer zweiten vergleichbaren Reihe derselben Größe z_2-mal eingetreten. Es soll geprüft werden, ob die Ergebnisse sich nur im Rahmen des Zufallsbereiches unterscheiden, d. h. ob in den beiden Reihen einheitlich eine einzige Grundwahrscheinlichkeit für das Ereignis angenommen werden kann, von der die beobachteten Häufigkeiten Zufallsabweichungen sind. Andernfalls liegen zwischen beiden Reihen „echte", „statistisch gesicherte" Unterschiede vor (vgl. S. 3). In der Tafel 5 ist diejenige Differenz (in $^0/_0$) dargestellt, welche die Häufigkeitsziffern P_o und P_u zweier auf derselben Grundwahrscheinlichkeit beruhender gleichgroßer Reihen fast nie (d. h. nur mit der üblichen Zufallsziffer ε) überschreiten. — Diese Prüfung bezieht sich nur auf das *Vorhandensein* von Unterschieden; eine Aussage über deren Größe wird nicht gemacht.

Zur Ablesung der Grenze der noch erlaubten Differenzen geht man von P_1 oder P_2 auf der horizontalen Skala aus; der kleinere der beiden Werte ist auf der oberen Skala als P_u, bzw. der größere auf der unteren Skala als P_o aufzusuchen. Der Wert ist nach oben bis zum Schnitt mit der für die gemeinsame Beobachtungszahl der beiden Reihen geltenden n-Kurve zu verfolgen. Die Ordinate des Schnittpunktes, gemessen in der linksstehenden vertikalen Skala, gibt die größte erlaubte Differenz $(P_o - P_u)$ für $|P_2 - P_1|$. — Es ist gleichgültig, ob man von P_1 oder P_2, von der kleineren oder größeren Prozentzahl ausgeht. Unterscheiden sich P_1 und P_2 gerade um die Grenzdifferenz, so liefern beide Ablesungsarten dieselbe Zahl.

Beispiel 7. Unter 2000 Stück der von der Fabrik A gelieferten Waren waren 80 unzureichend, von 2000 Stück der Fabrik B nur 40. Ist damit ein Güteunterschied sichergestellt, oder halten sich die Unterschiede noch im Rahmen der auch bei gleicher Güte nach dem Umfang der Lieferungen möglichen Zufallsschwankungen? — Zur Ablesung kann man von $P_1 = P_o = 4^0/_0$ auf der unteren Horizontalskala ausgehen. Der Schnittpunkt mit der Kurve für n = 2000 ergibt auf der vertikalen Skala für die größte erlaubte Differenz einen Wert von $1,67^0/_0$. Die beobachtete Differenz von $2,0^0/_0$ ist aber noch größer; somit muß der Güteunterschied als sichergestellt angesehen werden. — Man könnte für die Ablesung auch von $P_2 = P_u = 2,0^0/_0$ auf der oberen Horizontalskala ausgehen und erhielte dann $1,59^0/_0$ als größte erlaubte Differenz. Die Verschiedenheit der Zahlen ist durch die andere Wahl der Ausgangsziffer bedingt; der Schluß ist jedoch stets der gleiche.

Beispiel 8. Unter 100 bei niedriger Gießtemperatur verwalzten Röhren waren 70 fehlerlos, unter 100 bei hoher Temperatur 80. Kann man hieraus auf einen Einfluß der Gießtemperatur auf die Qualität der Rohre schließen? — Für $P_u = 70^0/_0$ auf der oberen Skala und n = 100 gibt die Tafel einen maximalen Wert von $17,8^0/_0$ für die Differenz. Die beobachtete Differenz von $10^0/_0$ liegt demnach noch innerhalb der zwischen Reihen von je 100 Beobachtungen bei einheitlicher Grundwahrscheinlichkeit vorkommenden Zufallsschwankungen. Es wäre nicht berechtigt, auf Grund dieses Ergebnisses allein die hohe Gießtemperatur für günstiger zu halten. Eine sichere Entscheidung kann erst an größerem Material erfolgen.

Beispiel 9. Unter 30 Schüssen war kein Treffer. Wie viele Treffer sind bei den nächsten unter den gleichen Bedingungen abzugebenden Schüssen höchstens zu erwarten? — Die Ablesung bei $P_u = 0^0/_0$ (obere Horizontalskala) und n = 30 ergibt, daß P_2 höchstens den Wert $29,3^0/_0$ haben wird; man kann also nur mit höchstens 8 Treffern rechnen.

Anmerkung: Die sachliche Bedeutung dieser Zufallsprüfung beim Vergleich zweier Häufigkeiten geht aus den Erörterungen auf S. 3/4 hervor. Gelegentlich will man die Zufallsprüfung jedoch auf dem Vergleich mit den bei früheren Serien beobachteten Schwankungen der Häufigkeiten aufbauen. Dabei ist es durchaus möglich, daß sich ein anderes Ergebnis einstellt — etwa weil die Häufigkeiten von Serie zu Serie stärker schwanken, als es den Zufallsgesetzen für die Schwankungen um eine feste Grundwahrscheinlichkeit (die in einem solchen Fall nicht vorliegt) entsprechen würde. Verfügt man über genügend viele frühere Serien, so ist die Vornahme dieser völlig auf den Erfahrungszahlen beruhenden und von Hypothesen freien Prüfung unbedingt zu empfehlen. Ist die Zahl der Serien allerdings nur gering, so ist die Rechnungsgrundlage zu unsicher. Zur Durchführung der Rechnung vgl. Beispiel 7a und 7b auf S. 43.

Koller, Graphische Tafeln zur Statistik. 3. Aufl. Bildtafel III.

Grösste zulässige Zufallsdifferenz $P_o - P_u$

Ausgangshäufigkeit $P(\%)$ (kleinerer Wert P_u)

Ausgangshäufigkeit $P(\%)$ (grösserer Wert P_o)

Tafel 5.
Differenz zweier Häufigkeiten ($n_1 = n_2 = n$)

Tafel 5. Vergleich der in zwei Reihen beobachteten Häufigkeiten bei gleichem Umfang der Reihen

Grundlagen der Tafel 5

Es sei von der Beobachtung von z_u Treffern in einer Reihe vom Umfang n ausgegangen. Welches ist die obere Grenze z_0 der Treffer, die in einer auf derselben — unbekannten — Grundwahrscheinlichkeit beruhenden zweiten Reihe desselben Umfanges gerade noch (Überschreitungsziffer $\varepsilon = 0{,}0027$) auftreten dürfen? Diejenige Grundwahrscheinlichkeit, bei der die Beobachtung von z_u und z_0 Treffern in zwei Stichproben vom Umfang n am wahrscheinlichsten ist, hat den Wert $p = \dfrac{z_0 + z_u}{2n}$. Unter Annahme dieses Wertes gilt für die maximale erlaubte Differenz der Trefferzahlen i, k in zwei Stichproben, daß alle Differenzen $|i-k|$ von der Größe (z_0-z_u) und mehr eine Überschreitungswahrscheinlichkeit von mindestens ε haben sollen, alle größeren Differenzen dagegen eine solche, die kleiner als ε ist.

$$\sum_{|i-k| \geq |z_0-z_u|} \binom{n}{i} p^i (1-p)^{n-i} \binom{n}{k} p^k (1-p)^{n-k} \geq 0{,}0027 > \sum_{|i-k| > |z_0-z_u|} \binom{n}{i} p^i (1-p)^{n-i} \binom{n}{k} p^k (1-p)^{n-k}.$$

Gleichzeitig ist z_u die untere Treffergrenze, wenn man von z_0 ausgeht. Diese Ungleichungen sind durch die Kurven der Tafel 5 für die oberen und unteren Grenzen (bzw. für die Grenzdifferenz der Häufigkeiten bei Wahl der kleineren oder größeren Trefferhäufigkeit als Ausgangsziffer) erfüllt. Um einen glatten Linienverlauf zu erreichen, wurde die linke Seite der Ungleichung gleich 0,0027 gesetzt und nach z_0 bzw. z_u unter Zulassung gebrochener Werte durch graphische Interpolation aufgelöst.

Bei großem n und in der Nähe von $^1/_2$ liegendem p wurde unter Ersetzung der exakten Verteilung durch eine Normalverteilung die größte erlaubte Differenz als

$$\text{Differenz} = P_0 - P_u = 3 \sqrt{p(1-p)\frac{2}{n}} - \frac{1}{2n}$$

bestimmt.

Für alle Tafelwerte gehört die gleiche Grenzdifferenz zu P_u und $(1-P_0)$ bzw. zu P_0 und $(1-P_u)$. Die Berechnung erfolgte nach der ausführlichen Formel bis $n=50$; von dort an wurde ein allmählich breiter werdender Mittelteil nach der Näherungsformel gewonnen.

Tafel 6
Vergleich der in zwei Reihen beobachteten Häufigkeiten bei u n g l e i c h e m Umfang der Reihen

Die Fragestellung ist die gleiche wie bei Tafel 5, nur liegen in der ersten Reihe n_1 Beobachtungen mit P_1 (%) „Treffern" vor, in der zweiten n_2 Beobachtungen mit P_2 (%) Treffern.

Die Lösung der Aufgabe beginnt mit einer Ablesung in der voranstehenden Tafel 5. Man geht von der *Reihe mit der geringeren Beobachtungszahl* — sie sei mit dem Index 1 gekennzeichnet — aus und ermittelt in Tafel 5 für P_1 (als P_o, wenn es sich um die größere Häufigkeit handelt; als P_u, wenn es die kleinere Häufigkeit ist) und n_1 die maximale Grenzdifferenz $(P_o - P_u)^*$ unter der vorübergehenden Annahme gleichen Umfangs beider Reihen. Dieser Hilfswert $(P_o - P_u)^*$ für die Grenzdifferenz wird dann in Tafel 6 entsprechend dem wirklichen Umfang der zweiten Reihe berichtigt. Dafür ist zunächst $(P_o - P_u)^*$ in Grundzahl und Stellenwert zu zerlegen, wobei die Grundzahl eine Stelle vor dem Komma erhält. Der Stellenwert (10%, 1%, 0,1%) wird später dem Ergebnis der Tafelablesung wieder zugesetzt. Man verbindet nun in Tafel 6 die Grundzahl von $(P_o - P_u)^*$ auf der linken Skala mit dem Wert für $n_2 : n_1$ auf der rechten Skala durch eine gerade Linie und liest auf der mittleren Skala den endgültigen Wert für die maximale Grenzdifferenz $(P_o - P_u)$ ab.

Beispiel 10. Unter 50 Patienten mit einer bestimmten Krankheit, die nach dem Verfahren A behandelt wurden, wurden 25 geheilt, unter 20 nach Verfahren B behandelten gleich schwer Erkrankten wurden 18 geheilt. Liegt der Unterschied der Heilungsprozente noch in dem durch die geringen Beobachtungszahlen bedingten Zufallsbereich oder kann man die Behandlungsart B als überlegen ansehen? — Man geht von der B-Reihe mit der geringeren Beobachtungszahl aus und liest zunächst in Tafel 5 unter Benutzung der unteren Horizontalskala bei $P_1 = P_o = 90$% und $n = 20$ ab, daß die größte erlaubte Zufallsdifferenz den Wert $(P_o - P_u)^* = 46,6$% hätte, wenn beide Reihen aus 20 Beobachtungen beständen. Nun ist in Tafel 6 die richtige Beobachtungszahl der ersten Reihe zu berücksichtigen. Zur Ablesung ist 46,6% in die Grundzahl 4,66 und den Stellenwert 10% zu zerlegen. Durch geradlinige Verbindung der Grundzahl 4,66 des Hilfswertes $(P_o - P_u)^*$ mit $n_2 : n_1 = 50 : 20 = 2,5$ liest man die endgültige als Zufallsergebnis maximal erlaubte Häufigkeitsdifferenz als 39% (d. h. abgelesene Grundzahl 3,9 mal Stellenwert 10%) ab. Da die wirkliche Differenz (40%) größer ist, darf die Überlegenheit der Behandlungsart B als statistisch gesichert angesehen werden.

Beispiel 11. Unter $n_1 = 1870$ Nachkommen röntgenbestrahlter Pflanzen wurden 13 Mutationen festgestellt, unter $n_2 = 12430$ unbehandelten Vergleichspflanzen 15. Liegt der Unterschied noch im Zufallsbereich? — Es ist $P_1 = 0,70$%, $P_2 = 0,12$%, also $P_1 - P_2 = 0,58$%; ferner ist $n_2 : n_1 = 6,65$ (Divisionstafel 1). Tafel 5 ergibt, daß bei je 1870 Beobachtungen mit $P_1 = P_o = 0,70$% (untere Horizontalskala) eine Häufigkeitsdifferenz von $(P_o - P_u)^* = 0,63$% nach unten als Grenze vereinbar wäre. In Tafel 6 wird dieser Hilfswert durch geradlinige Verbindung der Grundzahl 6,3 (Stellenwert 0,1%) mit $n_2 : n_1 = 6,65$ auf die Grundzahl 4,77 (mal Stellenwert 0,1%), also auf $(P_o - P_u) = 0,477$% verringert. Die beobachtete Differenz von 0,58% ist größer, der Einfluß der Röntgenbestrahlung auf die Auslösung von Mutationen also hier statistisch gesichert.

Beispiel 12. Unter 30 auslesefrei gesammelten Zwillingspaaren mit mindestens einem kriminellen Partner war bei 13 eineiigen Paaren der zweite 10mal ebenfalls kriminell, bei 17 zweieiigen Paaren dagegen nur zweimal (J. Lange). Ist der Unterschied statistisch gesichert? — Man geht von den 13 Eineiigen aus und liest in Tafel 5 für $P_o = 77$% die Hilfsgröße $(P_o - P_u)^* = 61$% ab. Die Korrektur entsprechend den wirklichen Beobachtungszahlen $n_2 : n_1 = 1,31$ führt zum Endwert von 57% für die maximal zulässige Zufallsdifferenz der Häufigkeiten. Die beobachtete Differenz beträgt 65%; damit ist trotz der Kleinheit des Materials ein echter Unterschied, d. h. der Einfluß der Erbanlagen auf die Kriminalität, statistisch gesichert.

Anmerkung 1. Unterscheiden sich n_1 und n_2 nur wenig voneinander (z. B. 100 und 110 oder 100 und 120), so genügt die Ablesung in Tafel 5 mit dem Mittelwert zwischen n_1 und n_2.

Anmerkung 2. Sobald in Tafel 5 die Grenzdifferenz — von der Ausgangshäufigkeit aus gerechnet — bis 0% oder 100% reicht, darf eine Umrechnung nach Tafel 6 nicht vorgenommen werden. Beispiel: $n_1 = 20$, $P_1 = 80$%, $n_2 = 100$, $P_2 = 95$%.

Fortsetzung Seite 35 unten!

Tafel 6. Vergleich der in zwei Reihen beobachteten Häufigkeiten bei ungleichem Umfang der Reihen

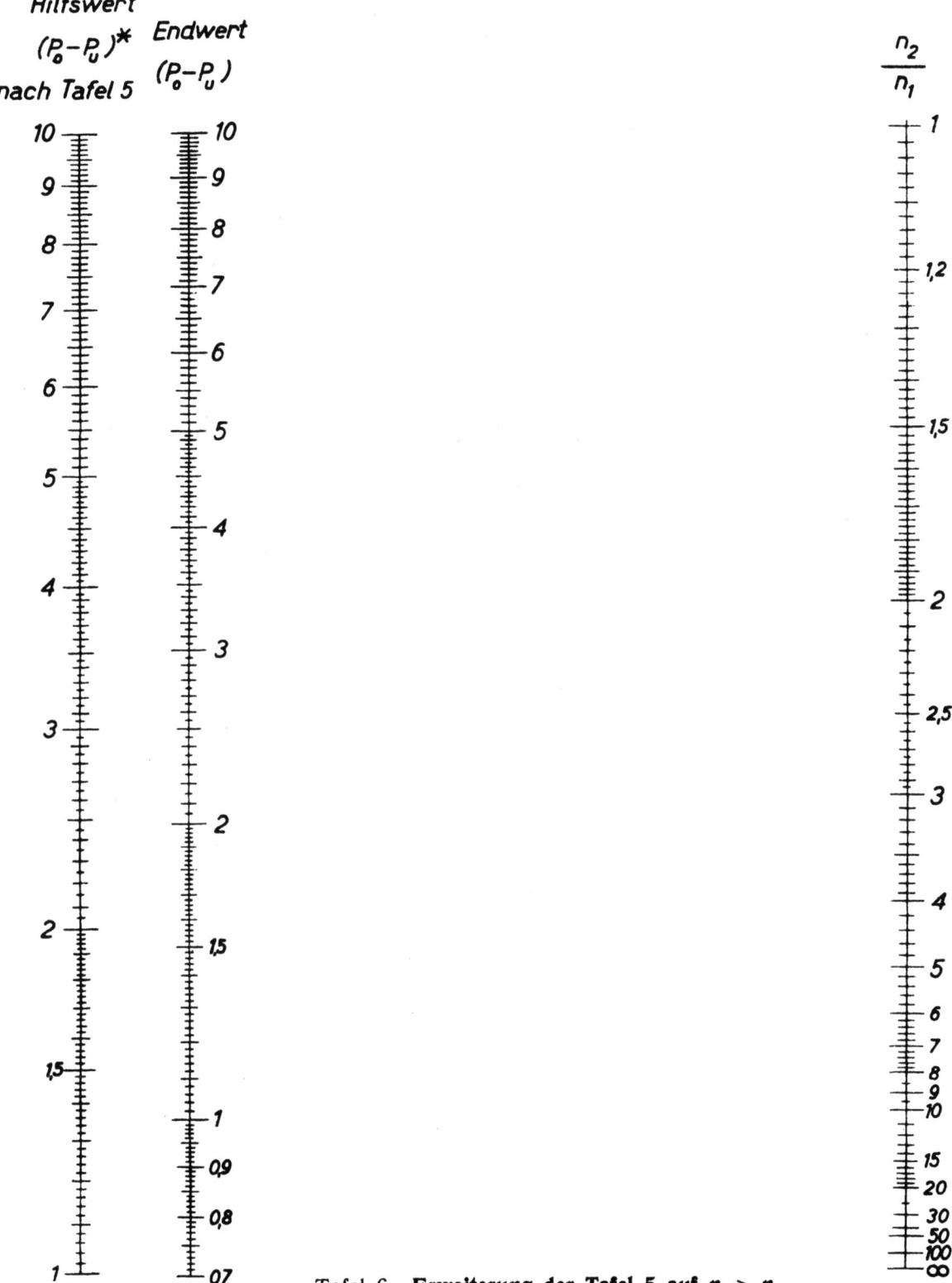

Tafel 6. **Erweiterung der Tafel 5 auf $n_2 > n_1$.**

Grundlagen der Tafel 6

Da die kleinere Beobachtungsreihe für die Größe des Zufallsbereiches ausschlaggebend ist, wird diese bei der Ablesung bevorzugt. Bezeichnet man den aus Tafel 5 für zwei Stichproben des gleichen Umfanges n_1 ermittelten Hilfswert der maximal erlaubten Häufigkeitsdifferenz mit $(P_0—P_u)^*$ und mit $(P_0—P_u)$ die gesuchte Grenzdifferenz, so gilt asymptotisch bei Normalverteilung und geringer Differenz zwischen P_0 und P_u die Proportion:

$$(P_0—P_u)^* : (P_0—P_u) = \sqrt{\frac{2}{n_1}} : \sqrt{\frac{1}{n_1} + \frac{1}{n_2}}.$$

Überträgt man diese Proportion auf den allgemeinen Fall, so findet man für die gesuchte Grenzdifferenz $(P_0—P_u)$ folgende Extrapolationsformel

$$P_0—P_u = (P_0—P_u)^* \cdot \sqrt{\frac{1}{2}\left(1 + \frac{n_1}{n_2}\right)}.$$

Diese Formel liegt der Tafel 6 zugrunde. Die Anwendung einer auf der Gültigkeit der Fehlerrechnung beruhenden Formel darf hier auch für kleine Zahlen gebilligt werden, da die Besonderheiten der binomischen Verteilung bei kleinen Zahlen bereits in Tafel 5 berücksichtigt sind. Ferner ist vernachlässigt, daß durch die Vergrößerung von n_2 eine Verschiebung der optimalen Grundwahrscheinlichkeit p eintritt. Dieses Näherungsverfahren kann jedoch als praktisch ausreichend angesehen werden, insbesondere da die Reduktion der Grenzdifferenz ohnehin relativ gering ist und höchstens 30% des Hilfswertes $(P_0—P_u)^*$ beträgt.

Das praktische Ergebnis stimmt mit dem für eine Einzelrechnung an kleinem Material zu empfehlenden Verfahren von R. A. Fisher[1]) weitgehend überein.

(Fortsetzung von Seite 32)

Näherungsweise kann dann folgendes Verfahren benutzt werden: Man liest nach Tafel 4 die zu P_1 und P_2 gehörenden maximalen Rückschlußdifferenzen ab, und zwar jeweils in der Richtung zur anderen Häufigkeit. Diese beiden Differenzen setzt man als α und β in die Tafel 8 ein und erhält als γ eine Schätzung der gesuchten maximalen Zufallsdifferenz.

Im obigen Beispiel liest man ab: Für P_1 eine obere Grenzdifferenz von 17,6% (α), für P_2 eine untere Grenzdifferenz von 10,1% (β).

Die Verbindung der beiden Werte nach der Formel

$$\gamma = \sqrt{\alpha^2 + \beta^2}$$

ergibt die höchste zulässige Zufallsdifferenz von 20,3% (Ablesung nach Tafel 8 oder Benutzung von Tafel 2). Die beobachtete Differenz von 15% liegt demnach noch im Zufallsbereich. (In diesem Falle konnte man bereits aus der ersten Ablesung der Differenz 17,6% folgern, daß die beobachtete Differenz von 15% im Zufallsbereich liegt, da durch die Berücksichtigung der anderen Reihe der Zufallsbereich noch größer wird. Man beginnt die Ablesungen also auch hier am rationellsten mit der kleineren Reihe.)

[1]) Fisher, R. A., Statistical Methods for Research Workers, 5. Aufl. (Zusatz 21,02). (London und Edinburgh 1934.)

III. Die Beurteilung von Messungsreihen

Tafel 7. Fehlerbereich von Mittelwerten

Aus einer sehr großen Gesamtheit meßbarer Größen sei eine Stichprobe von n Einzelwerten $x_1, x_2 \ldots x_n$ entnommen. Das arithmetische Mittel dieser Werte sei M_x. Die mittlere Abweichung (vgl. S. 1—2) der x_i-Werte von M_x sei σ_x. *Mit welcher Genauigkeit kann man M_x als Schätzung des wahren Mittelwertes der Grundgesamtheit ansehen? Welches ist der Fehlerbereich,* innerhalb dessen das nur an n Werten ermittelte M_x vom wahren Mittelwert abweichen kann? (Überschreitungswahrscheinlichkeit $\varepsilon = 0{,}0027$.)

Bei großem n wird der Bereich nach oben und unten durch den dreifachen Wert des mittleren Fehlers σ_M des Mittelwertes abgegrenzt (3 σ-Regel), wobei $\sigma_M = \sigma_x : \sqrt{n}$ ist. Bei kleinerem n vergrößert sich der Bereich, da auch die Unsicherheit der Bestimmung von σ in Rechnung gestellt werden muß. Tafel 7 gibt für jedes n den Fehlerbereich in Vielfachen von σ_M. Dabei ist die Darstellung allerdings nicht für n unmittelbar, sondern für die „Zahl der Freiheitsgrade" m durchgeführt, die der Zahl der für die jeweilige statistische Prüfung zur Verwendung kommenden unabhängigen Beobachtungen entspricht. Bei der hier zugrunde gelegten Fragestellung ist m = n—1, d. h. ein Freiheitsgrad ist gewissermaßen dadurch verlorengegangen, daß ein Wert, nämlich der Mittelwert der Beobachtungsreihe, in die Rechnung eingeht.

Beispiel 13. Von einer Fabrikationsserie Glühlampen wurde die Brenndauer von 5 beliebig herausgegriffenen Lampen bestimmt. Es ergaben sich 1200, 1380, 1160, 870, 1255 Stunden. Der Mittelwert beträgt also 5865 : 5 = 1173 Std. Innerhalb welcher Grenzen kann man die mittlere Brenndauer aller Lampen annehmen? — Die mittlere Abweichung vom Mittelwert ist nach Formel S. 1 $\sigma_x = 189$ Std., der mittlere Fehler des Mittelwertes $\sigma_M = 84{,}3$ Std. Die Tabelle auf S. 37 ergibt für 5 Beobachtungen, also m = 4, einen Schwankungsbereich des Mittelwertes von 6,62 σ_M. Unter Benutzung der Multiplikationstafel für $6{,}62 \cdot 84{,}3 = 558{,}1$ ergibt sich der Bereich von 615 bis 1731 Brennstunden für den Gesamtmittelwert. — Bei wenigen Beobachtungen muß man also einen außerordentlich weiten Schwankungsbereich in Rechnung stellen, wenn man die sonst übliche Grenzsetzung bei einer Überschreitungswahrscheinlichkeit von 0,0027 (äquivalent der 3 σ-Grenze bei großen Zahlen) aufrechterhalten will.

Beispiel 13a. Es soll das Trockengewicht einer Serie von 10 Versuchspflanzen bestimmt werden; der Mittelwert ist in Prozenten des Frischgewichts mit seinem Genauigkeitsbereich festzulegen. — Die 10 Pflanzen haben ein Frischgewicht von 12,8; 8,8; 9,6; 7,0; 11,0; 10,3; 6,6; 13,2; 9,2; 9,5 g mit einem Mittelwert 9,8 g; die Aschengewichte der entsprechenden Pflanzen betragen 1,66; 1,25; 1,39; 1,05; 1,53; 1,46; 0,97; 1,74; 1,30; 1,35 g, mit einem Mittelwert von 1,37 g. Die Trockengewichtsprozentzahlen sind 13,0; 14,2; 14,5; 15,0; 13,9; 14,2; 14,7; 13,2; 14,1; 14,2 %, ihr Mittelwert ist 14,10 % (nicht 1,37:9,8 = 13,98 %; der Mittelwert von Quotienten ist nicht als Quotient der Mittelwerte zu berechnen). Die mittlere Abweichung vom Mittelwert beträgt $\sigma_x = \sqrt{\frac{3{,}42}{9}}(\%) = 0{,}62\%$, der mittlere Fehler des Mittelwertes $\sigma_M = 0{,}62\% : \sqrt{10} = 0{,}19\%$. Der Zufallsbereich wird bei m = n-1 = 9 Freiheitsgraden durch das 4,09fache von σ_M bestimmt, reicht also von 13,3 % bis 14,9 %.

Beispiel 14. Zwei Sorten Kartoffeln werden an 15 Orten zum Vergleich angebaut. Für Sorte A ergeben sich pro Hektar die Erträge 165, 191, 172, 188, 193, 208, 195, 203, 217, 210, 191, 176, 197, 182, 203 dz, für Sorte B 170, 203, 194, 185, 213, 210, 195, 212, 240, 225, 202, 183, 231, 199, 207 dz, wobei die Orte beidemal in derselben Reihenfolge aufgezählt sind. Ist Sorte B als allgemein überlegen anzusehen? — Um die Bodenbesonderheiten jedes Ortes zu berücksichtigen, wird der statistischen Auswertung zweckmäßig die Ertragsdifferenz B—A an jedem Ort zugrunde gelegt. Man betrachtet also die Reihe +5, +12, +22, —3, +20, +2, 0, +9, +23, +15, +11, +7, +34, +17, +4 dz und prüft, ob der Mittelwert M = +11,9 dz sicher von Null verschieden ist. In der Reihe der Differenzen ist die mittlere Abweichung $\sigma_x = 10{,}1$ dz und der mittlere Fehler des Mittelwertes $\sigma_M = 2{,}60$ dz. Für m = n—1 = 14 Freiheitsgrade gibt die Tafel einen Zufallsbereich von 3,63 $\sigma_M = 9{,}44$ dz. Der beobachtete Mittelwert kann also keine Zufallsabweichung von Null sein; Sorte B ist als besser anzusehen.

Zahl der Freiheitsgrade m	Vielfache von σ_M t	Zahl der Freiheitsgrade m	Vielfache von σ_M t
1	235,8	6	4,90
2	19,21	7	4,53
3	9,22	8	4,27
4	6,62	9	4,09
5	5,51	10	3,96

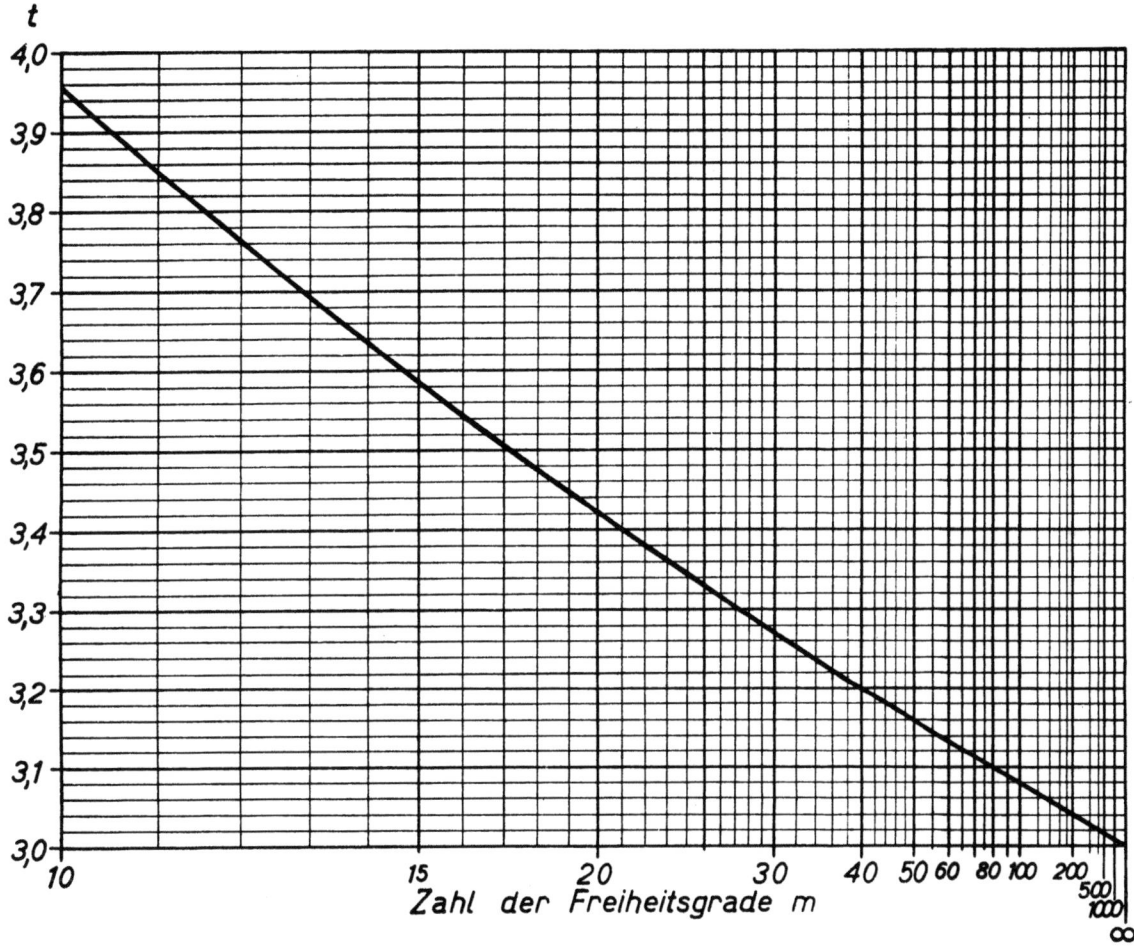

Tafel 7. **Fehlerbereich von Mittelwerten** in Vielfachen von σ_M.

Grundlagen der Tafel 7

Die Wahrscheinlichkeit, daß der Mittelwert einer Stichprobe vom wahren Mittelwert M' der Gesamtheit um $t \cdot \sigma_M$ oder noch mehr abweicht, wobei σ_M mit m Freiheitsgraden aus der Stichprobe bestimmt ist, beträgt (nach Helmert, Student, Fisher)

$$\frac{2 \cdot \frac{m-1}{2}!}{\sqrt{\pi} \cdot \frac{m-2}{2}!} \int_{\frac{t}{\sqrt{m}}}^{\infty} \frac{d\xi}{(1+\xi^2)^{\frac{m+1}{2}}}.$$

Um die üblichen Wahrscheinlichkeitsgrenzen zu erhalten, wurde dieser Ausdruck gleich 0,0027 gesetzt und daraus t als Funktion von m berechnet.

Die Wahl der „Zahl der Freiheitsgrade" m statt des Umfanges n der Stichprobe zur Darstellung ist bei gewissen Verallgemeinerungen, z. B. in Verbindung mit Tafel 8, von Vorteil.

Formel und Tafel beruhen auf der Voraussetzung einer Normalverteilung in der Grundgesamtheit. Da aber die Verteilung von Mittelwerten auch bei beliebiger Ausgangsverteilung schon bei geringem n sich sehr schnell einer Normalverteilung nähert, gibt die Tafel zur Beurteilung beliebiger Durchschnittswerte brauchbare Näherungswerte.

Tafel 8. Mittlerer Fehler der Differenz zweier Mittelwerte

Es liegen zwei voneinander unabhängige[1]), vergleichbare Beobachtungsreihen von n_1 und n_2 Werten einer meßbaren Größe vor. Es soll geprüft werden, ob die Mittelwerte M_1 und M_2 nur im Rahmen von Zufallsschwankungen voneinander abweichen, oder ob ein echter Unterschied statistisch sicherzustellen ist.

Die Prüfung kann in mehreren Formen durchgeführt werden. Meist wird gefragt, ob die den Stichproben zugrunde liegenden Gesamtheiten denselben Mittelwert haben können. Ist σ_1 die mittlere Abweichung in der ersten Reihe und σ_2 die in der zweiten, so ist $\sigma_{M_1} = \sigma_1 : \sqrt{n_1}$ der mittlere Fehler des ersten und $\sigma_{M_2} = \sigma_2 : \sqrt{n_2}$ der des zweiten Mittelwertes hinsichtlich der Schätzung der Gesamtheitsmittelwerte. Man prüft bei großen Beobachtungszahlen, ob die Differenz $|M_1 - M_2|$ größer ist als das Dreifache des mittleren Fehlers der Differenz,

$$\sigma_{\text{Diff.}} = \sqrt{\frac{\sigma_1^2}{n_1} + \frac{\sigma_2^2}{n_2}} = \sqrt{\sigma_{M_1}^2 + \sigma_{M_2}^2}.$$

Hat man $\sigma_{M_1}(=\alpha)$ und $\sigma_{M_2}(=\beta)$ bereits berechnet, so kann man in Tafel 8 bequem $\sigma_M(=\gamma)$ ablesen. Die Ablesung erfolgt bei den drei Skalenträgern gleichseitig, entweder bei allen dreien links oder bei allen dreien rechts[2]). Zur Berücksichtigung der Kommastellen kann man bei allen drei Größen gleichmäßig so eine Zehnerpotenz abspalten, daß die Grundzahl der größeren der beiden gegebenen Zahlen eine gültige Stelle vor dem Komma hat. Der gemeinsame Stellenwert wird dem Ergebnis wieder zugesetzt.

Oft ist es zweckmäßig, die schärfere Frage zu stellen, ob die beiden Reihen als Stichproben aus derselben Grundgesamtheit aufgefaßt werden können bzw. aus zwei Grundgesamtheiten mit gleichem Mittelwert und gleicher mittlerer Abweichung. Der mittlere Fehler der Differenz der Mittelwerte ist unter Zugrundelegung der zu prüfenden Annahme dann als

$$\sigma_{\text{Diff.}} = \sqrt{\frac{\sigma_1^2}{n_2} + \frac{\sigma_2^2}{n_1}}$$

zu bestimmen (vgl. S. 43). Auch bei dieser Prüfung kann Tafel 8 herangezogen werden, sofern man nicht die Benutzung der Divisions- und Quadrattafel vorzieht.

Bei *kleinen Werten von* n_1 *und* n_2 ist der Zufallsbereich der Differenz gemäß Tafel 7 auf mehr als 3 $\sigma_{\text{Diff.}}$ anzusetzen, wobei für die Ablesung in Tafel 7 als Zahl der Freiheitsgrade $m = n_1 + n_2 - 2$ zu benutzen ist.

Beispiel 15. Eine Krankenkasse will die Rentabilität einer bestimmten Behandlungsform bei einer Krankheit feststellen. Bei 18 auf diese Weise behandelten Kranken betragen die Kosten im Durchschnitt $M_1 = 225$ RM, die mittlere Abweichung $\sigma_1 = 40$ RM. Bei 40 anders Behandelten ist der Kostendurchschnitt $M_2 = 270$ RM bei einer mittleren Abweichung von $\sigma_2 = 61$ RM. Liegt ein „statistisch gesicherter" Unterschied der Mittelwerte vor? — Hier kann die Prüfung gemäß der ersten Fragestellung vorgenommen werden, da keine Annahme über den Streuungsbereich gemacht wird. Man berechnet zunächst unter Benutzung eines Rechenschiebers oder von Tafel 1 und 2 die mittleren Fehler der beiden Mittelwerte $\sigma_{M_1} = 9{,}43$ und $\sigma_{M_2} = 9{,}64$. Nach Tafel 8 ergibt sich hieraus $\sigma_{\text{Diff.}} = 13{,}49$. Die beobachtete Mittelwertsdifferenz von 45 RM ist das 3,34fache von $\sigma_{\text{Diff.}}$. Da nach Tafel 7 bei $m = n_1 + n_2 - 2 = 56$ für eine statistische Sicherung das 3,14fache des Fehlers überschritten sein muß, ist die größere Rentabilität der Behandlungsart gesichert (über die Größe der echten Differenz ist dabei keine Aussage zu machen).

Beispiel 16. In einem Ernährungsversuch an 10 Mäusen eines Wurfes betrug das Gewicht bei 7 Mäusen, die ohne ein bestimmtes Vitamin ernährt wurden, am 20. Lebenstag 23, 17, 26, 30, 24, 22, 27 g, bei 3 Kontrolltieren mit Vollernährung 29, 37, 33 g. Liegt der Unterschied noch im Zufallsbreich? — Es ist $M_1 = 24{,}1$, $\sigma_1 = 4{,}14$; $M_2 = 33{,}0$, $\sigma_2 = 4{,}00$. Hier kann die Frage in der zweiten Form gestellt werden; die zu prüfende Hypothese nimmt zwei Stichproben aus einer einheitlichen Gesamtheit an. Es ergibt sich $\sigma_{\text{Diff.}} = 2{,}83$; $M_1 - M_2$ ist das 3,14fache davon. Trotz ihrer Größe liegt die Differenz noch im Zufallsbereich, der für $m = n_1 + n_2 - 2 = 8$ nach Tafel 7 das 4,27fache des mittleren Fehlers beträgt.

Fortsetzung Seite 43 unten!

---

[1]) Bei nicht unabhängigen Reihen vgl. Beispiel 14 sowie Korrelationsstatistik.
[2]) Die linken Skalen sind bei höheren Grundzahlen (>4) zu benutzen, die rechten bei niedrigeren. Die Genauigkeit ist bei Werten zwischen 1,0 und 1,5 am geringsten; hier liest man am besten die Werte für das Doppelte, die Hälfte o. a. ab, die in günstigeren Skalenbereichen liegen. Weitere Beispiele hierzu auf S. 43.

Tafel 8. Mittlerer Fehler der Differenz zweier Mittelwerte

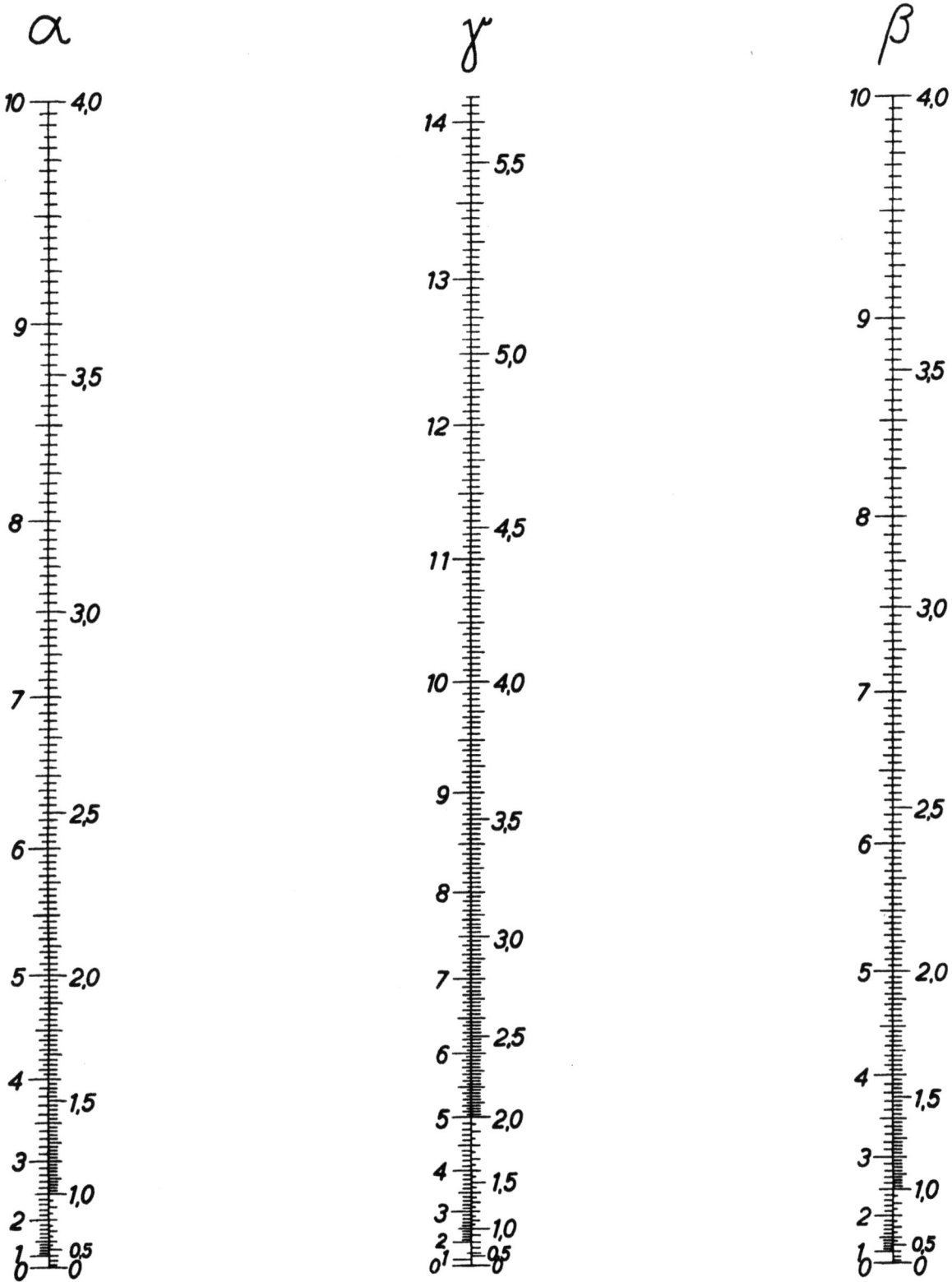

Tafel 8. $\gamma = \sqrt{\alpha^2 + \beta^2}$. Ablesung: entweder alle linken Skalen oder alle rechten Skalen benutzen.

Tafel 8. Mittlerer Fehler der Differenz zweier Mittelwerte

Ergänzung zu S. 40

Der Unterschied zwischen den beiden Fragestellungen von S. 40 liegt nur darin, ob für die Grundgesamtheiten die gleiche mittlere Abweichung angenommen wird oder nicht. Bei Annahme der Gleichheit sind σ_1 und σ_2 zwei unabhängige Schätzungen dieses Wertes. Das Fehlerquadrat der Mittelwertsdifferenz ist als

$$\sigma^2_{\text{Diff.}} = \frac{\sum_i (x_{1i} - M_1)^2 + \sum_i (x_{2i} - M_2)^2}{n_1 + n_2 - 2} \left(\frac{1}{n_1} + \frac{1}{n_2}\right)$$

zu bestimmen, oder wenn σ_1 und σ_2 bereits vorliegen, als

$$\sigma^2_{\text{Diff.}} = \frac{\sigma_1^2 (n_1 - 1) + \sigma_2^2 (n_2 - 1)}{n_1 + n_2 - 2} \left(\frac{1}{n_1} + \frac{1}{n_2}\right)$$

oder mit ausreichender Genauigkeit als $\quad \sigma^2_{\text{Diff.}} = \dfrac{\sigma_1^2}{n_2} + \dfrac{\sigma_2^2}{n_1}$.

Diese Bestimmungsart führt auf schärfere Grenzen, als wenn man $\sigma_{\text{Diff.}}$ bei der gleichen Fragestellung aus den auf den Gesamtmittelwert beider Reihen bezogenen Abweichungsquadraten bildete und durch $(n_1 + n_2 - 1)$ Freiheitsgrade dividierte.

Beispiel 7a. In Beispiel 7 waren unter den von Fabrik A gelieferten 2000 Stück 80 ($= 4^0/_0$) minderwertige, unter den von Fabrik B gelieferten 2000 Stück dagegen nur 40 ($= 2^0/_0$). Diese beiden Häufigkeiten sollen nun nicht nach Tafel 5 unter Zugrundelegung des wahrscheinlichkeitstheoretisch berechneten Zufallsbereichs verglichen werden, sondern rein empirisch auf Grund der beobachteten Schwankungen in den einzelnen Serien der Lieferungen.

Die Lieferungen mögen in Serien zu 200 Stück erfolgt sein. Dabei waren die Häufigkeiten der minderwertigen Stücke bei A: 2,0; 4,5; 6,5; 7,5; 4,0; 5,0; 1,5; 2,5; 4,5; 2,0$^0/_0$, mit einem Mittelwert von 4,0$^0/_0$. Bei B: 1,5; 3,5; 0; 2,5; 2,0; 3,0; 1,5; 4,0; 1,0; 1,0$^0/_0$, mit einem Mittelwert von 2,0$^0/_0$. Die mittlere Abweichung bei A ist nach der Formel auf S. 2 $\sigma_A = \sqrt{\dfrac{0,00365}{9}} = 0,020 = 2,0^0/_0$, wobei für die Rechnung die Prozentzahlen als Dezimalzahlen geschrieben sind. Für B ist die mittlere Abweichung $\sigma_B = \sqrt{\dfrac{0,0014}{9}} = 0,0125 = 1,25^0/_0$.

Der mittlere Fehler des Mittelwertes M_A beträgt $\sigma_{M_A} = \sigma_A : \sqrt{10} = 0,64^0/_0$; entsprechend wird $\sigma_{M_B} = 0,4^0/_0$. Der mittlere Fehler der Differenz $M_A - M_B$ ergibt sich nach Tafel 8 oder durch Rechnung als $\sqrt{\sigma^2_{M_A} + \sigma^2_{M_B}} = 0,75^0/_0$. Die Differenz $M_A - M_B = 2,0^0/_0$ beträgt nur das 2,7fache ihres mittleren Fehlers, während nach Tafel 7 bei 18 Freiheitsgraden fast das 3,5fache zur Sicherung der Differenz erforderlich wäre. — Auf Grund der in den Einzellieferungen beobachteten Schwankungen kann man also in der Gesamtdifferenz der Lieferungen noch keinen sicheren Güteunterschied der beiden Fabriken erblicken.

Im allgemeinen werden Serienzahl und Serienumfänge bei A und B, sowie oft auch bei den einzelnen Lieferungen verschieden sein. Der mittlere Fehler des Mittelwertes ist als $\sigma_{M_A} = \sigma : \sqrt{N}$ zu bezeichnen, wobei N die Gesamtzahl der Beobachtungen ist und σ nach der Formel für σ_1 auf S. 12 aus den Abweichungen der Prozentzahlen der Einzelserien von der Gesamthäufigkeit in Verbindung mit den Beobachtungszahlen der Einzelserien berechnet wird.

Beispiel 7b. Die Lieferungen der Fabrik A in Beispiel 7a mögen in ungleichen Serien erfolgt sein:

1. Serie zu 700 Stück mit 42 (6,0$^0/_0$) Versagern
2. Serie zu 300 Stück mit 5 (1,7$^0/_0$) Versagern
3. Serie zu 400 Stück mit 10 (2,5$^0/_0$) Versagern
4. Serie zu 500 Stück mit 23 (4,6$^0/_0$) Versagern
5. Serie zu 100 Stück mit — (0,0$^0/_0$) Versagern

zusammen 2000 Stück mit 80 (4,0$^0/_0$) Versagern

Hieraus ergibt sich der mittlere Fehler des Mittelwertes $M_A = 4,0^0/_0 = 0,040$ als $\sigma_{M_A} = \dfrac{1}{\sqrt{2000}} \sigma$

$$= \frac{1}{\sqrt{2000}} \cdot \sqrt{\frac{1}{5-1} [700 \cdot (0,060 - 0,040)^2 + 300 (0,017 - 0,040)^2 + 400 (0,025 - 0,040)^2 + 500 (0,046 - 0,040)^2 + 100 (0,000 - 0,040)^2]}$$

$$= \frac{1}{\sqrt{2000}} \cdot \sqrt{\frac{1}{4}(0,2800 + 0,1587 + 0,0900 + 0,0180 + 0,1600)} = \frac{1}{\sqrt{2000}} \sqrt{\frac{0,7067}{4}} = 0,0094 = 0,94^0/_0.$$

Für die Quadrate und Quadratwurzeln der Rechnung wird vorteilhaft Tafel 2 benutzt. Der mittlere Fehler der Differenz ist mit $\sqrt{0,0094^2 + 0,0040^2} = 0,0102 = 1,02^0/_0$ noch größer als in Beispiel 7a; die Differenz ist also auch hier nicht gesichert.

Tafel 9. Beurteilung von Häufigkeitsverteilungen (χ^2-Tafel)

Eine beobachtete Häufigkeitsverteilung soll in einer zusammenfassenden Wertungsziffer (χ^2) mit Erwartungswerten verglichen werden, d. h. es soll geprüft werden, ob die der Berechnung der Erwartungswerte zugrunde gelegte Hypothese mit den Beobachtungen vereinbar ist. Bezeichnet z_i die in der i-ten Klasse beobachtete Anzahl, z_i^0 die erwartete Anzahl, so bildet man

$$\chi^2 = \frac{(z_1-z_1^0)^2}{z_1^0} + \frac{(z_2-z_2^0)^2}{z_2^0} + \cdots + \frac{(z_k-z_k^0)^2}{z_k^0}.$$

m ist die auf der Zahl k der Klassen beruhende „Zahl der Freiheitsgrade", d. h. die Zahl derjenigen Klassen, aus deren gegebenen Klassenzahlen sich unter Berücksichtigung der gegebenen festen Größen (z. B. Gesamtumfang der Beobachtungsreihe) die übrigen (k-m) Klassenzahlen eindeutig bestimmen würden (vgl. die folgenden Beispiele).

In Tafel 9 ist zu jedem m dasjenige $\frac{\chi^2}{m}$ angegeben, das bei Gültigkeit der zu prüfenden Hypothese im Rahmen der „erlaubten" Zufallsschwankungen nicht überschritten werden darf. Überschreitung dieses Wertes bedeutet statistische Widerlegung der Prüfhypothese.

Das Verfahren setzt voraus, daß der Erwartungswert in keiner Klasse unter 5, möglichst auch nicht unter 10 liegt. Sollte dies der Fall sein, so müssen — soweit dies sachlich angängig ist — benachbarte Klassen zusammengefaßt werden.

Beispiel 17. In Vererbungsversuchen werden unter den Nachkommen einer Pflanzenkreuzung vier verschiedene Blütenfarben im Verhältnis 9:3:3:1 erwartet. Unter 620 Pflanzen fanden sich in den vier Klassen 368, 99, 126, 27. Ist dieser Befund mit der Hypothese vereinbar? — Die Erwartungswerte ergeben sich unter Zugrundelegung der Gesamtzahl 620 zu 348,75; 116,25; 116,25; 38,75. Daraus berechnet sich $\chi^2 = 8,00$ und $\frac{\chi^2}{m} = 2,668$, wobei m = 3 ist. Der Tabelle auf S. 45 entnimmt man bei m = 3 den „erlaubten" Höchstwert 4,719 für $\frac{\chi^2}{m}$. Theorie und Beobachtung stimmen also ausreichend miteinander überein.

Beispiel 18. Es soll die Zerreißfestigkeit zweier Stahlsorten verschiedener Herkunft geprüft werden. Die Versuche mögen folgende Zahlen ergeben haben:

Sorte	Anzahl	Klassenmitten									
		30	31	32	33	34	35	36	37	38	39
x	200	3	7	12	31	41	58	35	7	4	2
y	300	10	23	30	42	47	62	36	27	17	6

Die Mittelwerte der beiden Reihen mit ihren mittleren Fehlern betragen 34,44 ± 0,12 und 34,34 ± 0,12. Die Differenz überschreitet nicht das Dreifache ihres mittleren Fehlers; ein Unterschied ist also durch die Mittelwertsbetrachtung nicht sicherzustellen. Die Prüfhypothese lautet, daß beide Reihen Stichproben einer Grundgesamtheit seien, deren Verteilung sich durch die Zusammenfassung aller 500 Werte ergebe. So befinden sich z. B. in der dritten Klasse insgesamt 42 Einzelstücke, also 8,4%; der Erwartungswert bei Gleichheit der Verteilungen beträgt also 16,8 für Sorte x; 25,2 für y. Nach diesem Schema und der obigen Formel kann χ^2 errechnet werden. Eine vereinfachte Formel ist auf S. 47 angegeben. Für χ^2 ergibt sich der Wert 24,959. Dabei sind die Randklassen 30 und 31 sowie 38 und 39 der kleinen Zahlen wegen zusammengefaßt worden, so daß 8 Klassen in jeder Reihe bleiben. Für die Berechnung der Erwartungswerte sind die Gesamtzahlen in beiden Reihen und in jeder Klasse benutzt worden, so daß man nur in 7 Einzelklassen die Beobachtungszahlen brauchte, um die gegebene Verteilung zu rekonstruieren (m = 7 Freiheitsgrade). Die Tabelle ergibt für m = 7 ein $\frac{\chi^2}{m} = 3,121$ als äußerste Zufallsgrenze gegenüber einem Beobachtungswert 3,566.

Obwohl in den Mittelwerten keine Differenz vorlag, ist ein echter Unterschied der Verteilungen (die erste Verteilung ist enger um den Mittelwert gruppiert als die zweite) statistisch gesichert. Die Ursache könnte z. B. in einer uneinheitlichen Zusammensetzung der Reihen liegen, indem sie verschieden zusammengesetzte Gemenge verschiedener Stähle sind, o. a. Wesentlich ist, daß der Zufallsvergleich sich nicht nur auf die Mittelwerte beschränkt, sondern die gesamte Verteilung berücksichtigt. Wenn so erwiesen ist, daß die Unterschiede zwischen beiden Verteilungen außerhalb der Zufallsgrenzen liegen, hat die weitere statistische Analyse zu erfolgen. Solange aber die Zufallsprüfung keine gesicherten Unterschiede ergibt, steht eine etwa weiter vorgenommene Kurvenzerlegung auf unsicherem Boden.

Fortsetzung Seite 46!

Tafel 9. Beurteilung von Häufigkeitsverteilungen (χ^2-Tafel)

Zahl der Freiheitsgrade m	$\frac{\chi^2}{m}$
1	9,000
2	5,916
3	4,719
4	4,063
5	3,641
6	3,344
7	3,121
8	2,947
9	2,807
10	2,690
11	2,592
12	2,508
13	2,435
14	2,371
15	2,314
16	2,264
17	2,218
18	2,176
19	2,139
20	2,104
21	2,072
22	2,043
23	2,016
24	1,990
25	1,967
26	1,944
27	1,924
28	1,904
29	1,886
30	1,869
31	1,852
32	1,836
33	1,821
34	1,807
35	1,794
36	1,781
37	1,768
38	1,757
39	1,745
40	1,735

Tafel 9. $\frac{\chi^2}{m}$-Grenzen.

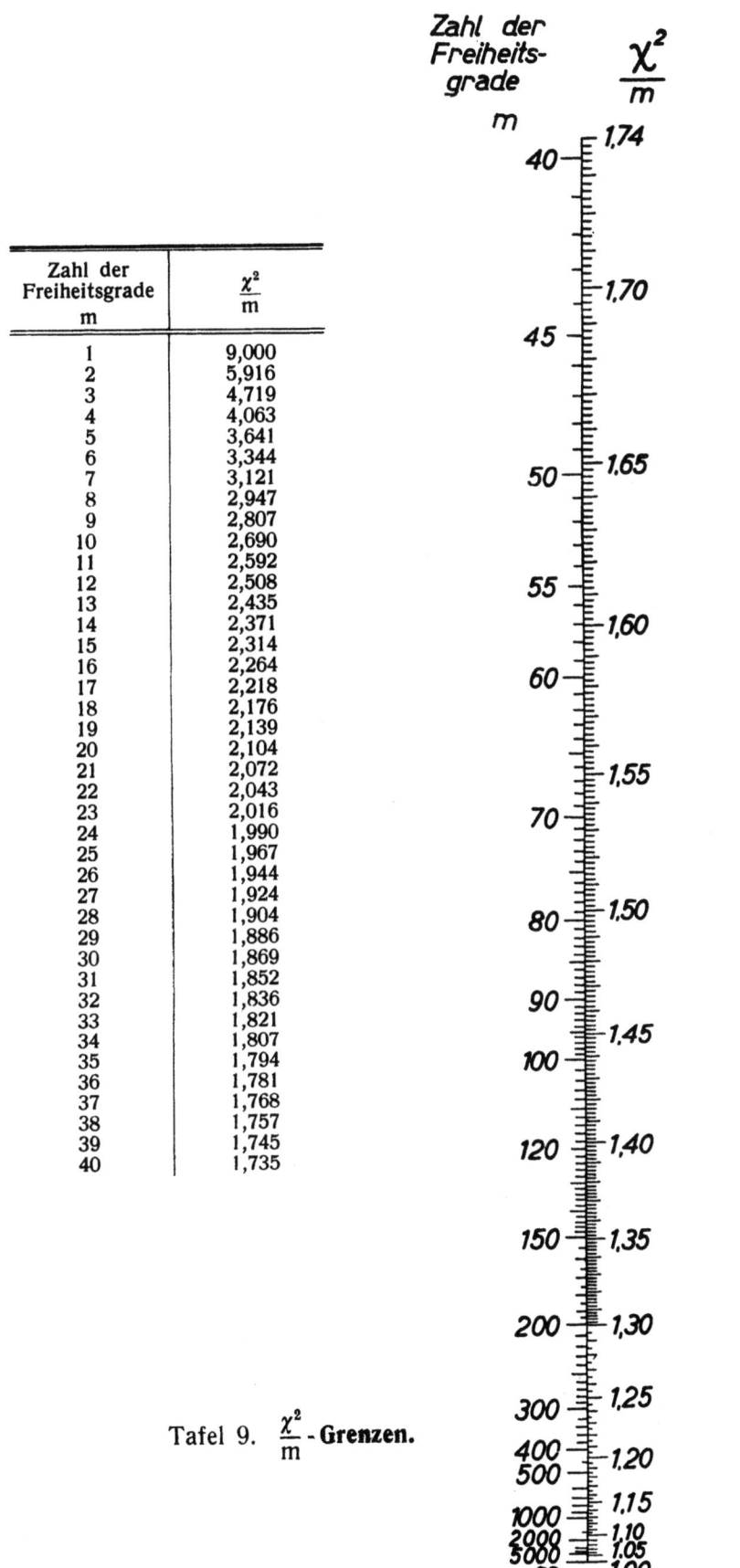

Fortsetzung von Seite 44

Beispiel 19. Bei einer Untersuchung in Wien (Corvin) über die Verteilung der Blutgruppen bei Personen mit verschiedenen Augenfarben ergab sich folgende Tabelle (Zahlen in geradem Druck).

		Augenfarbe					Summe	
		blau	blaugrau	grau	graubraun	braun	Anzahl	%
Blutgruppe	0	398 *400,5*	388 *384,3*	407 *403,7*	122 *130,0*	914 *910,6*	2229	35,99
	A	496 *493,4*	449 *473,4*	503 *497,3*	171 *160,1*	1127 *1121,7*	2746	44,33
	B	167 *162,4*	168 *155,8*	148 *163,7*	51 *52,7*	370 *369,2*	904	14,59
	AB	52 *56,7*	63 *54,4*	64 *57,1*	17 *18,4*	119 *128,8*	315	5,09
Summe	Anzahl	1113	1068	1122	361	2530	6194	
	%	17,97	17,24	18,11	5,83	40,85		100,00

Es ist zu prüfen, ob die Blutgruppen und Augenfarben unabhängig voneinander in der Bevölkerung verteilt sind. Bei Unabhängigkeit muß man erwarten, daß z. B. blaue Augenfarbe, welche insgesamt in der Häufigkeit 17,97% auftritt, und Blutgruppe Null, welche die Häufigkeit 35,99% besitzt, mit der Wahrscheinlichkeit $0,1797 \cdot 0,3599 = 0,0647$ bei einem Individuum zusammentreffen werden. Von 6194 Personen sind 400,5 mit dieser Kombination zu erwarten, beobachtet sind 398. Auf gleiche Weise wird für jedes Feld der Tabelle die Erwartungszahl durch Multiplikation der zugehörigen Zeilen- und Spaltenhäufigkeit mit der Gesamtzahl 6194 berechnet. Bildet man nach der obenstehenden Formel für alle $4 \cdot 5 = 20$ Felder zusammen den Ausdruck χ^2, so ergibt sich 8,768. Die Zahl der Freiheitsgrade ist bei der Unabhängigkeitsprüfung in einem Schema von r Zeilen und s Spalten

$$m = (r-1)(s-1);$$

in unserem Falle $m = 3 \cdot 4 = 12$. Daraus folgt $\frac{\chi^2}{m} = 0,731$. Tafel 9 ergibt bei $m = 12$ den Zufallshöchstwert 2,508 für $\frac{\chi^2}{m}$. Die gefundenen Abweichungen zwischen Beobachtung und Erwartung liegen also völlig im erlaubten Zufallsbereich. Die Annahme der Unabhängigkeit kann aufrechterhalten werden.

Tafel 9. Beurteilung von Häufigkeitsverteilungen (χ^2-Tafel)

Grundlagen der Tafel 9

Die Wahrscheinlichkeit dafür, daß in einer Stichprobe unabhängiger Beobachtungen aus einer Gesamtheit mit bekannter Verteilung die in den einzelnen Klassen beobachteten Anzahlen von den Erwartungswerten insgesamt um mehr als ein vorgegebenes χ^2 abweichen, beträgt (K. Pearson)

$$P_{\chi^2} = \frac{1}{2^{\frac{m-2}{2}} \cdot \frac{m-2}{2}!} \int_\chi^\infty \xi^{m-1} e^{-\frac{1}{2}\xi^2} d\xi.$$

Diese Wahrscheinlichkeit wurde gleich der üblichen Abgrenzungsziffer 0,0027 gesetzt; daraus wurde χ^2 als Funktion von m ermittelt. Bei der praktischen Berechnung wurde davon Gebrauch gemacht, daß nach Wilson $\sqrt[3]{\frac{\chi^2}{m}}$ näherungsweise einer Normalverteilung um $(1 - \frac{2}{9m})$ mit einem $\sigma = \sqrt{\frac{2}{9m}}$ folgt. Da hier eine einseitige Fragestellung vorliegt, bei der nur nach zu großen χ^2-Werten gefragt wird, liegt die Überschreitungswahrscheinlichkeit 0,0027, die auch hier zur Abgrenzung benutzt werden soll, bei 2,782 σ.

Die Benutzung der χ^2-Verteilung setzt voraus, daß in den einzelnen Klassen die Fehlerrechnung nach der Bernoulli-Formel $\sqrt{n \cdot p \cdot (1-p)}$ vorgenommen werden darf. Dies ist sicher nicht der Fall, wenn eine Erwartungszahl $n \cdot p$ klein ist, z. B. unter 10 oder sogar unter 5 liegt. Aber auch bei größeren Zahlen sind die Voraussetzungen vielfach nur in grober Annäherung erfüllt. Je gleichmäßiger allerdings die Häufigkeitsverteilung ist (keine im Vergleich zu $\frac{1}{m}$ kleine Einzelwahrscheinlichkeiten), um so eher darf die Voraussetzung der erlaubten Fehlerrechnung vernachlässigt werden. Die bei der Klasseneinteilung und der etwaigen Zusammenfassung kleinzahliger Klassen unvermeidliche Willkür läßt sich durch Wiederholung des Verfahrens bei geänderter Einteilung mildern. Trotz aller Einwände ist das χ^2-Verfahren als zur Zeit am besten durchgearbeitet und praktisch vielfach bewährt zur umfangreichen Anwendung zu empfehlen.

Bei der Prüfung zweier empirischer Häufigkeitsverteilungen auf Übereinstimmung läßt sich die Berechnung von χ^2 nach folgender Formel vereinfachen:

$$\chi^2 = \frac{1}{X \cdot Y} \cdot \left[\frac{(x_1 Y - y_1 X)^2}{x_1 + y_1} + \frac{(x_2 Y - y_2 X)^2}{x_2 + y_2} + \cdots + \frac{(x_k Y - y_k X)^2}{x_k + y_k} \right]$$

Dabei bedeuten die x_i die beobachteten Anzahlen in den k Klassen der ersten Reihe (im Beispiel 18 also 10, 12, 31...), die y_i die Anzahlen der zweiten Reihe (33, 30, 42...). X ist die Summe der x_i (200) und Y die Summe der y_i (300).

IV. Die Beurteilung von Zusammenhängen

Tafel 10. Vorhandensein einer geradlinigen Zu- oder Abnahme (Richtungskoeffizient $R \neq 0$?); Vorhandensein eines Zusammenhanges (Korrelationskoeffizient $r \neq 0$?)

Durch eine Reihe von n Punkten, die durch je zwei Werte x_i und y_i festgelegt sind, wird eine gerade Linie gelegt, die sich den Punkten möglichst gut anpaßt (zur Durchführung der Berechnung vgl. S. 10—11). Die Abweichungen der Punkte von der Geraden sind ein Maß für die Genauigkeit, mit der die Gerade durch die Punkte bestimmt ist. Die Beobachtungspunkte sind für die statistische Zahlenprüfung als eine Stichprobe aus einer zugrunde liegenden größeren Gesamtheit aufzufassen — mag diese wirklich vorhanden sein oder nur zum Zweck der Zahlenprüfung als Denkmöglichkeit konstruiert werden. In dieser Grundgesamtheit ist ebenfalls die am besten angepaßte Gerade vorhanden. Die aus der Stichprobe berechnete Gerade ist eine auf nur n Beobachtungen gegründete Schätzung der Gesamtheitsgeraden und besitzt als solche einen Fehlerbereich.

Die Grundfrage lautet, ob aus den Beobachtungen mit statistischer Sicherheit eine Zu- oder Abnahme der y-Werte bei wachsendem x hervorgehe. Zur Beantwortung ist die Gegenhypothese zu prüfen, ob die Reihe im Rahmen der üblichen Zufallsgrenzen als Stichprobe aus einer Gesamtheit mit horizontal verlaufender Geraden aufgefaßt werden könne. Zur Ablesung benutzt man statt des Richtungskoeffizienten R den Korrelationskoeffizienten r, in dem die Streuung der Punkte um die Gerade bereits enthalten ist. In der Tabelle und Doppelskala (Tafel 10) sind zu jeder Anzahl m der Freiheitsgrade die gerade noch mit der Prüfhypothese der Richtung 0 der Gesamtheitsgeraden verträglichen Grenzwerte der Korrelationkoeffizienten angegeben. Die Zahl m der Freiheitsgrade beträgt hier $m = n-2$, wobei n die Anzahl der Beobachtungspunkte ist. Nach demselben Verfahren ist die Frage nach der gegenseitigen Unabhängigkeit zweier Größen x und y bzw. nach dem Vorhandensein eines Zusammenhanges zwischen ihnen, gemessen am Korrelationskoeffizienten r, zu prüfen.

Beispiel 20. Abb. 2 (S. 12) zeigt den ha-Ertrag an Kartoffeln in Deutschland von 1924—1937. Es soll geprüft werden, ob es sich um eine sichere Zunahme handelt, oder ob die Schwankungen zwischen den einzelnen Jahren so groß sind, daß man bei nur 14 Werten auch „zufällig" Gruppierungen finden muß, die eine solche Zunahme zeigen. — Durch die 14 Punkte ist nach S. 10—11 eine gerade Linie gelegt worden; der Richtungskoeffizient, d.h. die durchschnittliche jährliche Zunahme beträgt $R = 3,525$ dz. Kann dieser Wert als Zufallsabweichung von 0 und die Beobachtungsreihe als Stichprobe aus einer Gesamtheit ohne Zu- oder Abnahme angesehen werden? Die der Prüfung hypothetisch zugrunde gelegte Gesamtheit ist sachlich vorzustellen als bestehend aus den nur durch andere Kombination der einzelnen wirksamen Witterungs- und sonstigen Faktoren bedingten unterschiedlichen Ernteerträgen. Zur Durchführung der Prüfung wird der Korrelationskoeffizient zwischen Erträgen und Kalenderjahren $r = 0,755$ benutzt. Die nebenstehende Tabelle zeigt, daß bereits ein $r = 0,736$ bei $m = n-2 = 12$ Freiheitsgraden einen sicheren Unterschied von 0 bedeutet. Der ha-Ertrag an Kartoffeln weist also eine echte Steigerung auf.

Beispiel 21. An 40 jungen Männern wurde der Zusammenhang zwischen Zahl (x) und Größe (y) der roten Blutkörperchen untersucht (Horneffer). Abb. 4 (S. 51), in der die Einzelwerte verzeichnet sind, zeigt keine Veranlassung zur Annahme einer anderen als einer geradlinigen Beziehungsform. Die Berechnung des Korrelationskoeffizienten r nach S. 8 ist daher sinnvoll. Es ergibt sich $r = -0,241$. Liegt dieser Wert noch im Zufallsbereich um Null? Mit anderen Worten: Es soll die Hypothese geprüft werden, daß aus einer Grundgesamtheit mit Korrelation Null zufällig mit einer Wahrscheinlichkeit, die größer als die Abgrenzungsziffer $\varepsilon = 0,27 \%$ ist, Stichproben zu 40 Beobachtungspaaren herausgegriffen werden können, deren Korrelationskoeffizienten einen Absolutbetrag von mindestens 0,241 aufweisen. — Tafel 10 ergibt für $m = n-2 = 38$ Freiheitsgrade für eine reine Zufallskorrelation den Grenzwert von 0,462. Das Vorhandensein einer Beziehung zwischen Zahl und Größe der Blutkörperchen ist hiernach nicht statistisch gesichert.

Tafel 10. Vorhandensein einer geradlinigen Zu- oder Abnahme

Zahl der Freiheitsgrade m	Zufallshöchstwert r
1	1,000
2	0,997
3	0,983
4	0,957
5	0,927
6	0,894
7	0,864
8	0,834
9	0,806
10	0,781
11	0,758
12	0,736
13	0,716
14	0,697
15	0,679
16	0,663
17	0,648
18	0,634
19	0,620
20	0,608
21	0,596
22	0,585
23	0,574
24	0,564
25	0,554
26	0,545
27	0,536
28	0,528
29	0,520
30	0,513

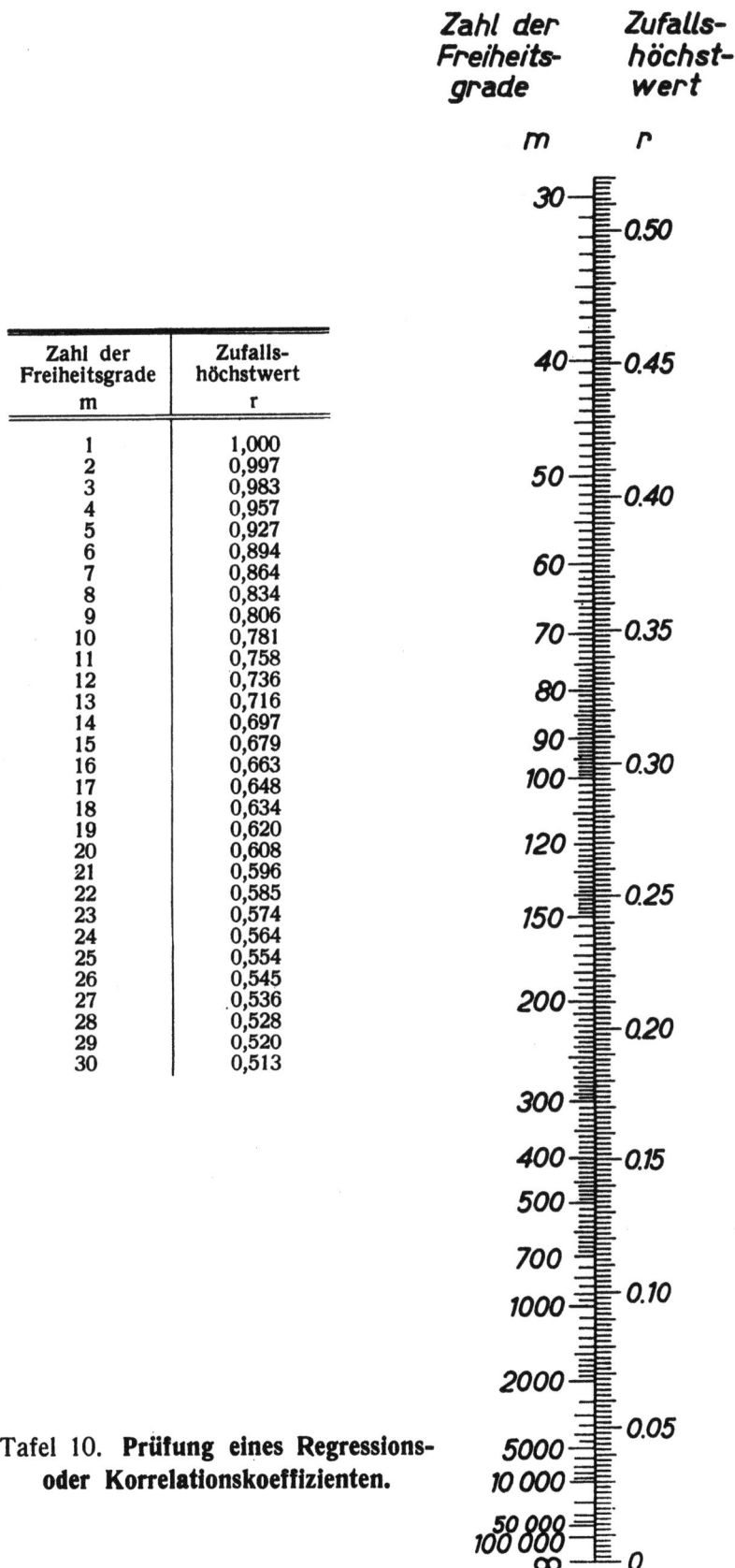

Tafel 10. **Prüfung eines Regressions- oder Korrelationskoeffizienten.**

Grundlagen der Tafel 10

Bezeichnet man mit σ_y die mittlere Abweichung der y_i von ihrem Mittelwert M_y, so beträgt die mittlere Abweichung σ_y' der y_i von der nach der Methode der kleinsten Quadrate durch die Punkte gelegten Geraden

$$\sigma_y' = \sigma_y \cdot \sqrt{1-r^2}.$$

Der Richtungskoeffizient R der aus der Stichprobe ermittelten Geraden hat als Schätzung des Richtungskoeffizienten der entsprechenden Geraden in der Gesamtheit den mittleren Fehler

$$\sigma_R = \frac{\sigma_y}{\sigma_x} \sqrt{\frac{1-r^2}{n-2}}.$$

Ein empirisch gefundener Wert weist gegenüber dem hypothetischen Wert Null einen gesicherten Unterschied auf, wenn der Quotient

$$t = R : \sigma_R$$

für $m = n-2$ Freiheitsgrade den in Tafel 7 angegebenen Grenzwert überschreitet.

Es ist

$$t = \frac{R}{\sigma_R} = \frac{r}{\sqrt{\frac{1-r^2}{m}}}$$

und

$$r = \frac{t}{\sqrt{t^2+m}}.$$

Nach dieser Gleichung ist unter Benutzung der nach Tafel 7 zusammengehörigen Werte t und m in Tafel 10 die Beziehung zwischen r und m dargestellt.

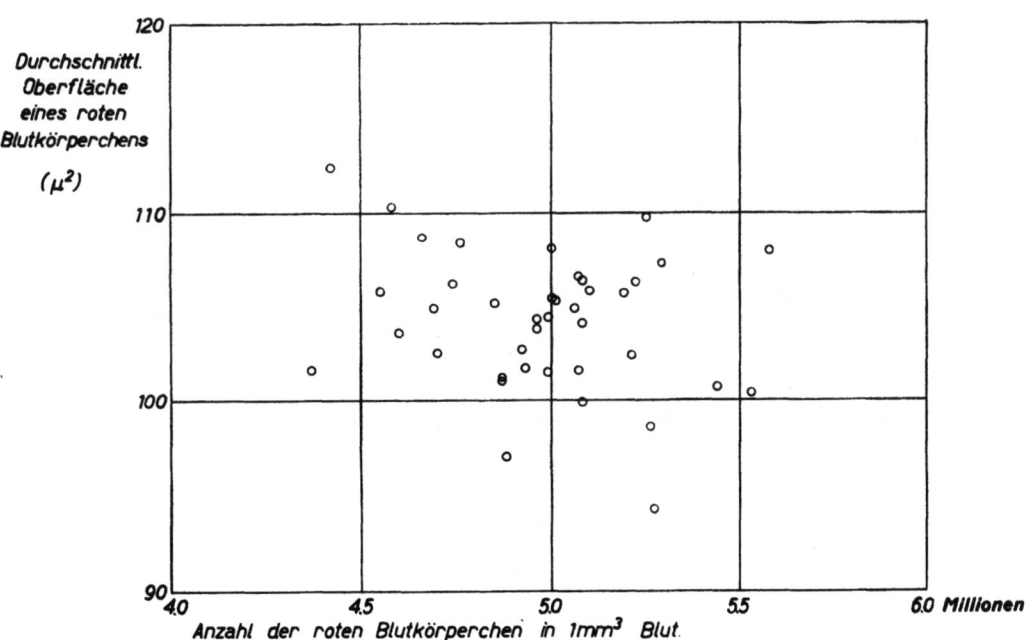

Abb. 4 (zu Beispiel 21).

Tafel 11. Die weitere Beurteilung von Korrelationskoeffizienten

11a) Hilfstafel (Umrechnung von r in die Korrelationsziffer z)

Die Prüfung der Echtheit eines Unterschiedes zwischen zwei Korrelationskoeffizienten r_1 und r_2 wird nach Fisher am zweckmäßigsten so vorgenommen, daß die r-Werte in ein neues Zusammenhangsmaß, nämlich die Korrelationsziffer z, umgerechnet (Formel s. S. 55) werden und alle Zahlenprüfungen dann an den z-Werten durchgeführt werden. Während der Korrelationskoeffizient r zwischen —1 und +1 liegt, erstreckt sich die Skala der Korrelationsziffer z von —∞ bis +∞. Die Umrechnung erfolgt nach Tafel 11a.

Einem $r = +0{,}871$ entspricht z. B. ein $z = +1{,}337$ und einem $z = -0{,}583$ ein $r = -0{,}525$.

Der *Fehlerbereich* von z hat den Wert $\dfrac{3}{\sqrt{n-3}}$, wobei n die Zahl der Beobachtungspaare ist. Die Berechnung kann durch Ablesung in Tafel 11b erfolgen, indem auf der linken Geraden n aufgesucht und mit dem Wert ∞ auf der rechten geradlinig verbunden wird. Auf der mittleren Geraden ist dann der Zufallsbereich abzulesen.

Beispiel 22. Auf S. 9 wurde als Rechenbeispiel für den Korrelationskoeffizienten die Beziehung zwischen dem Prozentsatz der in der Landwirtschaft beschäftigten Erwerbstätigen und dem Prozentsatz der in Gemeinden mit weniger als 2000 Einwohnern lebenden Personen in den Amtsbezirken Badens 1925 angegeben. Es ergab sich der Korrelationskoeffizient $r = +0{,}897$. Wie jede statistische Kennziffer ist auch der Wert dieses Korrelationskoeffizienten z. T. zufallsbedingt; wieweit sind die Grenzen hierfür anzusetzen? — Theoretisch kann man sich ein Kollektiv vorstellen, das aus den Korrelationskoeffizienten von je 40 Bezirken besteht, in welchen die einzelnen Nebenumstände, welche auf die beiden Prozentsätze einwirken, in allen möglichen Kombinationen zusammengetroffen sind. Es ist nun ein Element des Kollektivs beobachtet; in welchen Grenzen kann die wahre Korrelation in unserem fingierten Bild, also der Gesamtheitsmittelwert, liegen? — Man verwandelt zunächst r in z und erhält $z = 1{,}457$, dann grenzt man nach oben und unten den Fehlerbereich nach der obigen Formel als 0,493 ab. Der Bereich erstreckt sich also von $z = 0{,}964$ bis $z = 1{,}950$. Zurückverwandelt in r findet man den Bereich zwischen $r = +0{,}746$ und $r = +0{,}960$.

Beispiel 23. Es soll die Korrelation zwischen der Häufigkeit der erstklassigen und der minderwertigen Stücke in verschiedenen Fabrikationsserien untersucht werden. Die Häufigkeit der erstklassigen sei durchschnittlich 40%, die der minderwertigen 20%. Der Korrelationskoeffizient möge aus 100 Serien zu $r = -0{,}58$ ermittelt sein. Darf man daraus schließen, daß eine negative Korrelation zwischen den beiden Häufigkeiten vorhanden sei, daß also die einzelnen Serien insgesamt besser oder insgesamt schlechter ausfallen? — Bei der Beurteilung der Korrelation zwischen zwei Häufigkeiten, welche einander ausschließende Ereignisse betreffen, ist zu berücksichtigen, daß auch bei sachlicher Unabhängigkeit infolge der rechnerischen prozentischen Verknüpfung die beiden Häufigkeiten nicht frei variieren können, sondern eine negative Scheinkorrelation auftreten muß.

Haben die beiden zu korrelierenden Häufigkeiten die Durchschnittswerte p_1 und p_2, so hat die infolge der prozentischen Verknüpfung zu erwartende Scheinkorrelation den Wert

$$r' = -\sqrt{\frac{p_1 \cdot p_2}{(1-p_1)(1-p_2)}}$$

Dieser Wert entspricht der sachlichen Unabhängigkeitsannahme und tritt bei Kombinationen derartiger Häufigkeiten an die Stelle des Nullwertes; der Fehler von r' kann vernachlässigt werden. — Im Beispiel ist $r' = -0{,}4082$. Die Fehlerrechnung wird an der Korrelationsziffer z vorgenommen. Nach Tafel 11a wird der Beobachtungswert $r = -0{,}58$ umgerechnet in $z = -0{,}662$; der Erwartungswert r' bei Unabhängigkeit ergibt $z' = -0{,}434$. Der Zufallsbereich ist als $\dfrac{3}{\sqrt{97}} = 0{,}3046$ (Ablesung in Tafel 11b mit $n_1 = 100$ und $n_2 = \infty$) angenommen. Da die Differenz zwischen Beobachtungs- und Erwartungswert geringer ist, kann das Vorliegen einer negativen Korrelation zwischen der Häufigkeit der erstklassigen und der minderwertigen Stücke nicht als sichergestellt betrachtet werden. Der zahlenmäßige Befund würde auch zu der Annahme nicht im Widerspruch stehen, daß die beiden extremen Qualitätsgruppen unabhängig voneinander durch getrennte Einflüsse im Produktionsprozeß entstehen.

Tafel 11. Die weitere Beurteilung von Korrelationskoeffizienten

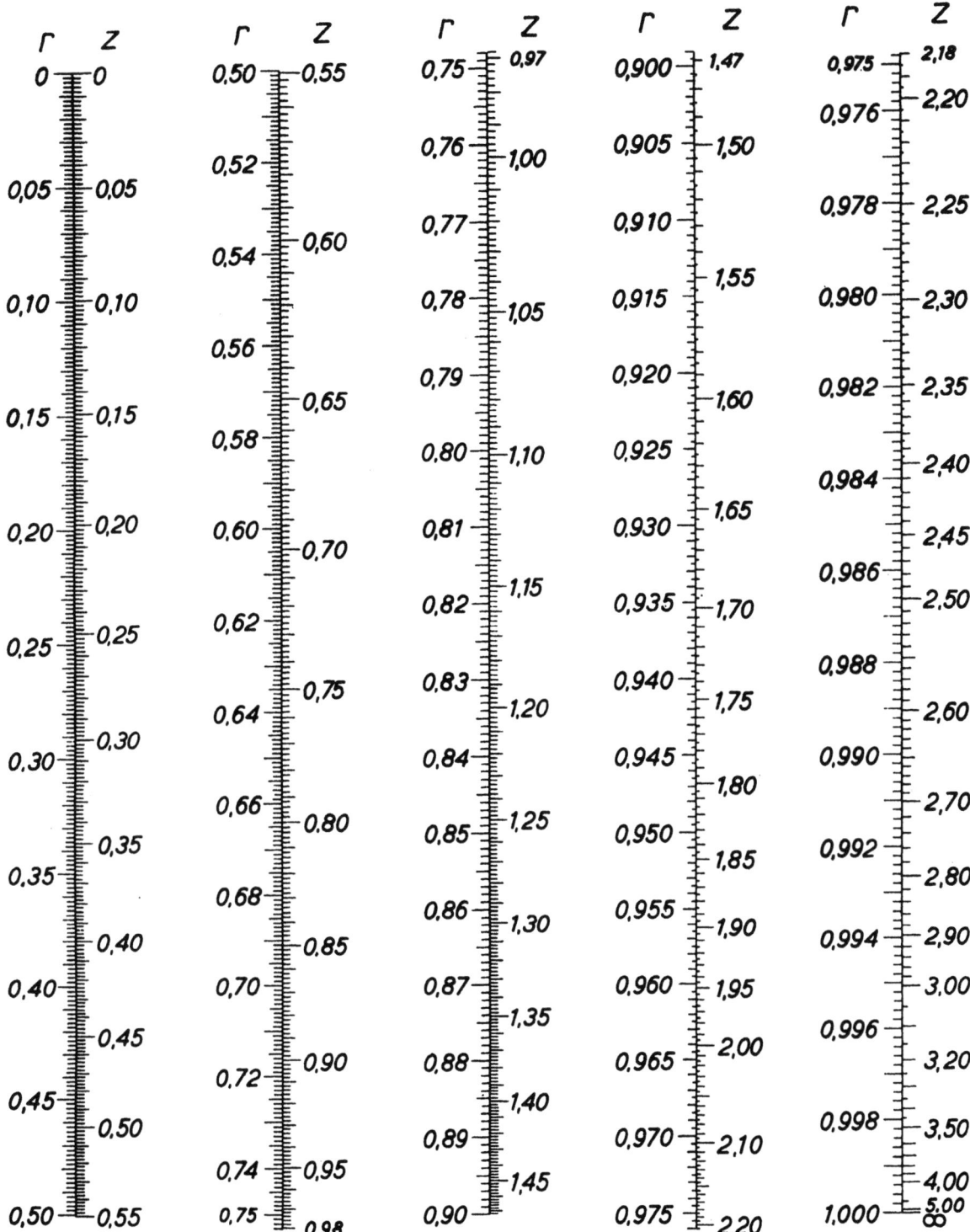

Tafel 11a. **Umrechnung von r in die Korrelationsziffer z.** $z = {}^1/_2 \cdot \log \text{nat} \frac{1+r}{1-r}$.

Grundlagen der Tafel 11a

Es ist

$$z = \log \text{nat} \sqrt{\frac{1+r}{1-r}} \quad \text{und} \quad r = \mathfrak{Tg}\, z.$$

Die Verteilung von z nähert sich bereits bei kleinem n weitgehend der Normalverteilung. Deshalb kann die Festlegung der Zufallsgrenzen einheitlich durch $3\,\sigma_z$ erfolgen. Der mittlere Fehler von z ist

$$\sigma_z = \frac{1}{\sqrt{n-3}},$$

wobei n die Zahl der Beobachtungen (Wertepaare) bedeutet. Da σ_z nicht vom z-Wert in der zugrunde liegenden Gesamtheit abhängig ist, kann der Bereich von $3\,\sigma_z$ sowohl für die Prüfung eines theoretischen z-Wertes an einer Stichprobe, als auch für den Rückschluß vom z der Stichprobe auf den unbekannten z-Wert der Gesamtheit benutzt werden. Der Bereich von $3\,\sigma_z$ gilt einheitlich für alle — in guter Näherung auch für kleine — Beobachtungszahlen n.

IV. Die Beurteilung von Zusammenhängen

11 b. Unterschied zweier Korrelationsziffern

Bei einem Vergleich zweier empirisch gewonnener Korrelationsziffern z_1 und z_2 ist zu prüfen, ob die beiden Beobachtungsreihen als nur zufällig verschiedene Stichproben aus derselben Gesamtheit aufgefaßt werden können. In Tafel 11b sind die Zufallsgrenzen für die Differenz $z_1 - z_2$ angegeben, wobei n_1 die Beobachtungszahl der einen und n_2 die der anderen Reihe ist.

Beispiel 24. Zwischen Körpergröße und Schädelindex wurde bei 477 blonden und blauäugigen Studenten in Freiburg ein Korrelationskoeffizient $r_1 = -0,083$ gefunden, bei 259 Studenten mit dunklen Haaren und dunklen Augen $r_2 = -0,344$ (Deckner). Ist der Unterschied statistisch gesichert? — Die Umrechnung in Korrelationsziffern ergibt $z_1 = -0,083$, $z_2 = -0,359$, die Differenz also $z_1 - z_2 = 0,276$. Aus Tafel 11b ist durch geradlinige Verbindung der beiden Beobachtungszahlen, also von $n_1 = 477$ auf der einen mit $n_2 = 259$ auf der anderen der beiden äußeren Skalen, in der mittleren Skala der höchste „erlaubte" Wert der Zufallsdifferenz als 0,233 abzulesen. Da die beobachtete Differenz größer ist, kann sie kein Zufallsergebnis sein; das Vorhandensein eines echten Unterschiedes ist statistisch erwiesen.

Beispiel 25. Bei amerikanischen Rekrutenuntersuchungen fanden Davenport und Love bei 96239 Weißen zwischen Körperlänge und Sitzhöhe einen Korrelationskoeffizienten $r_1 = +0,6626$, bei 6433 Negern $r_2 = +0,6088$. Ist ein Unterschied der Korrelationskoeffizienten statistisch gesichert? Man rechnet in Korrelationsziffern z um und erhält nach Tafel 11a $z_1 = 0,797$ und $z_2 = 0,707$. Nach Tafel 11b ist bei dieser Größe des Materials bereits ein z-Unterschied von etwa 0,05 (bei Annahme des n_1-Punktes fast bei ∞) gesichert, also erst recht die gefundene Differenz 0,09.

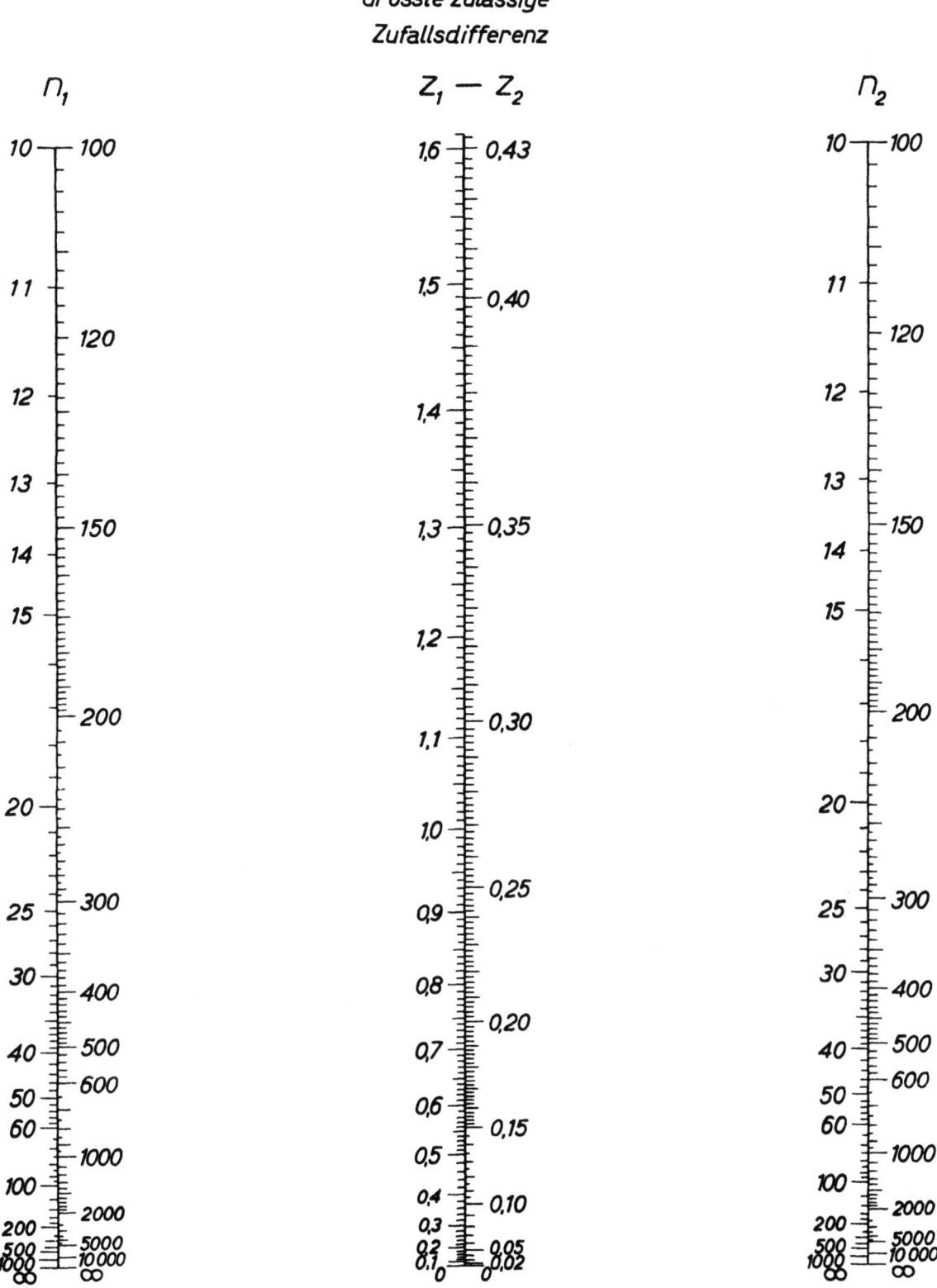

Tafel 11b. **Differenz zweier Korrelationsziffern.**

Tafel 11. Die weitere Beurteilung von Korrelationskoeffizienten

Grundlagen der Tafel 11b

Der mittlere Fehler der Differenz zweier Korrelationsziffern z_1 und z_2 bei n_1 bzw. n_2 Beobachtungspaaren beträgt (vgl. S. 52)

$$\sigma_{\text{Diff.}} = \sqrt{\frac{1}{n_1-3}+\frac{1}{n_2-3}}$$

Der gesamte in Tafel 11b dargestellte Zufallsbereich (Überschreitungsziffer $\varepsilon = 0{,}27\,^0/_0$) beträgt $3\,\sigma_{\text{Diff.}}$, was auch bei kleinen Beobachtungszahlen in guter Näherung gültig ist.

Tafel 12. Berechnung partieller Korrelationskoeffizienten

Wenn drei Größen x, y, v in gegenseitigem Zusammenhang stehen, so wird der Korrelationskoeffizient zwischen zweien von ihnen, z. B. zwischen x und y, auch von der gemeinsamen Beziehung zu v beeinflußt. Diese läßt sich rechnerisch ausschalten, indem man den Wert des Korrelationskoeffizienten errechnet, der sich ergeben würde, wenn die dritte Größe, v, konstant wäre. Man benötigt dazu außer r_{xy} auch r_{xv} und r_{yv}. Der „partielle Korrelationskoeffizient zwischen x und y unter Konstanthaltung von v" hat den Wert

$$r_{xy.v} = \frac{r_{xy} - r_{xv} \cdot r_{yv}}{\sqrt{(1-r_{xv}^2)(1-r_{yv}^2)}}.$$

Die praktische Gewinnung des Wertes erfolgt einfach durch Ablesung in Tafel 12, wobei $\alpha = r_{xy}$, $\beta = r_{xv}$, $\gamma = r_{yv}$ zu setzen ist, und $\alpha' = r_{xy.v}$ das gesuchte Resultat ist. Die Anordnung der Skalen geht aus der kleinen Übersichtsfigur hervor, in der gleichzeitig ein Beispiel mit $\alpha = -0{,}16$, $\beta = 0{,}36$, $\gamma = -0{,}78$ durchgeführt ist. Man sucht zunächst auf der α-Skala, die von $+1$ bis -1 geht, den Wert $\alpha = -0{,}16$ auf, dann im Innern des Dreiecks den Punkt, der die Koordinaten $\beta = 0{,}36$ und $\gamma = -0{,}78$ hat. Dabei ist zu beachten, daß β und γ vertauschbar sind; für die Ablesung empfiehlt sich, als β die im absoluten Wert Kleinere der beiden Zahlen zu wählen, als γ die Größere. Die Vorzeichen von β und γ werden dadurch berücksichtigt, daß bei Vorzeichengleichheit der (β, γ)-Punkt in der oberen Hälfte des Dreiecks aufgesucht wird, bei ungleichen Vorzeichen von β und γ in der unteren Hälfte. Dann wird der (β, γ)-Punkt mit dem α-Punkt geradlinig verbunden; die Verlängerung dieser Geraden bis zum Schnitt mit der α'-Skala ergibt den gesuchten Wert des partiellen Korrelationskoeffizienten (im Beispiel $+0{,}207$).

Eine Konstanthaltung mehrerer Größen läßt sich durch mehrfache Anwendung der gleichen Formel, also mehrfache Ablesungen in Tafel 12 erreichen (Rechnungsgang s. S. 63).

Die statistische Beurteilung partieller Korrelationen erfolgt nach den gleichen Verfahren wie die einfacher Korrelationskoeffizienten. Der einzige Unterschied besteht darin, daß bei Konstanthaltung einer Größe die Beobachtungszahl (bzw. die Zahl der Freiheitsgrade) um 1 zu vermindern ist, bei Konstanthaltung von i Größen um i.

Die Berechnung partieller Korrelationskoeffizienten nach dem beschriebenen Verfahren setzt voraus, daß alle dabei benutzten Beziehungen zwischen je zwei Variablen geradlinig sind.

Beispiel 26. In Oberschlesien wurde der Zusammenhang der Geburtenziffer x in den einzelnen (n = 22) Kreisen mit dem Anteil der Katholiken (y) in der Bevölkerung und dem Anteil der Personen mit polnischer sowie deutscher und polnischer Muttersprache (v) untersucht (Meerwarth). Es ergab sich $r_{xy} = +0{,}547$, $r_{xv} = +0{,}782$, $r_{yv} = +0{,}591$. Daraus folgt $r_{xy.v} = +0{,}169$ und $r_{xv.y} = +0{,}680$. Die Korrelation zwischen Geburtenziffer und Katholikenanteil verschwindet also fast völlig, sobald der Anteil der Polnischsprechenden konstant gehalten wird. Umgekehrt ändert sich die Korrelation zwischen der Geburtenziffer und Anteil der Polnischsprechenden nur wenig, wenn der Katholikenanteil konstant gehalten wird. Daraus folgt zunächst, daß ein Zusammenhang zwischen Geburtenziffer und Konfession sachlich nicht besteht, sondern nur durch den gleichzeitigen Zusammenhang mit dem Anteil der Polnischsprechenden vorgetäuscht ist. Ist dieser nun in Anbetracht der Größe des Materials statistisch gesichert? Tafel 10 ergibt für $m = n - 3 = 19$ Freiheitsgrade einen Zufallsbereich um Null von $\pm 0{,}620$. Damit ist das Bestehen einer partiellen Korrelation $r_{xv.y}$ statistisch gesichert.

Beispiel 27. Bei einer Untersuchung der Streckgrenze von Eisen (x) sei eine Abhängigkeit vom Kohlenstoffgehalt (y) gefunden; die Korrelation betrage z. B. $r = +0{,}66$. Gleichzeitig bestehe aber noch ein Zusammenhang mit dem Anteil an anderen Bestandteilen v_1 und v_2. Es soll geprüft werden, ob die Korrelation zwischen x und y nur durch den gemeinsamen Zusammenhang mit v_1 und v_2 vorgetäuscht ist oder auch bei Ausschaltung (Konstanthaltung) dieser beiden Größen bestehen bleibt. Die zahlenmäßigen Grundlagen seien $r_{xy} = +0{,}66$, $r_{xv_1} = +0{,}52$, $r_{xv_2} = -0{,}35$, $r_{yv_1} = +0{,}27$, $r_{yv_2} = +0{,}12$, $r_{v_1 v_2} = -0{,}75$. Durch mehrfache Anwendung der Tabelle 12 ergibt sich für alle partiellen Korrelationskoeffizienten, bei denen v_1 konstant gehalten ist: $r_{xy.v_1} = +0{,}633$, $r_{xv_2.v_1} = +0{,}072$, $r_{yv_2.v_1} = +0{,}510$ und aus diesen wiederum das gesuchte $r_{xy.v_1 v_2} = +0{,}695$. Wie breit ist hier der Zufallsbereich? Die Umwandlung nach Tafel 11a ergibt einen z-Wert von $+0{,}858$. Wenn der Untersuchung z. B. 120 Stücke zugrunde gelegen haben, so müssen bei Ausschaltung von 2 Variablen 2 Beobachtungswerte abgezogen werden. Für $n_1 = 118$ erhält man aus der Fluchtlinientafel 11b durch Verbindung mit $n_2 = \infty$ einen Zufallsbereich von $0{,}280$ (mittlere Skala). Der Bereich, in dem die partielle Korrelation $r_{xy.v_1 v_2}$, also die wirkliche, von v_1 und v_2 nicht beeinflußte Korrelation zwischen x und y, die aus der Stichprobe nur ungenau geschätzt ist, liegen könnte, erstreckt sich also von $z = 0{,}578$ bis $z = 1{,}138$ oder — auf die Skala der üblichen Korrelationskoeffizienten zurückgerechnet — von $r = 0{,}521$ bis $r = 0{,}814$.

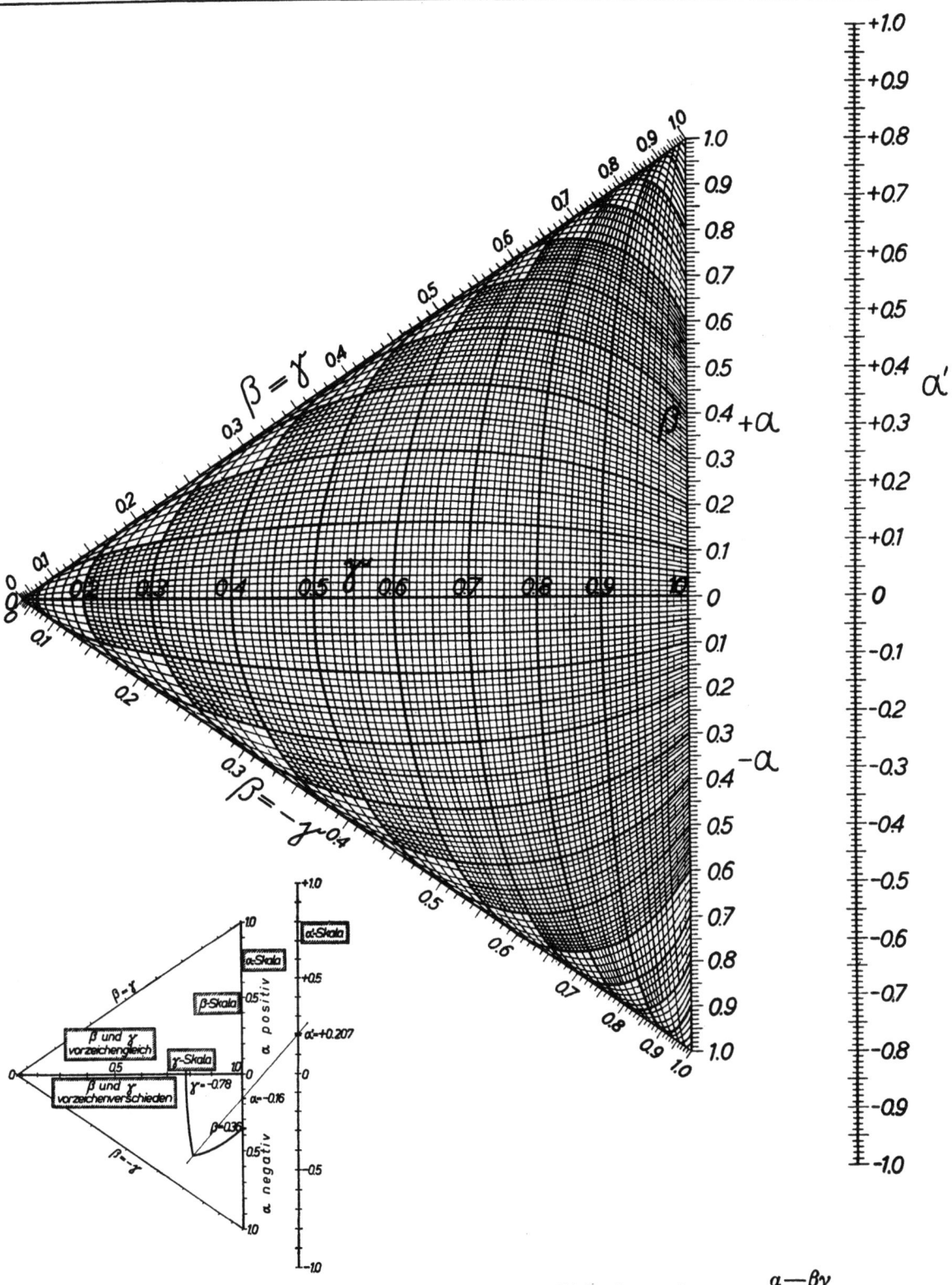

Tafel 12. **Berechnung partieller Korrelationskoeffizienten.** $a' = \dfrac{a-\beta\gamma}{\sqrt{(1-\beta^2)(1-\gamma^2)}}$

Anmerkung: Die beiden gestrichelten Linien der γ-Skala haben die Werte 0,995 und 0,999.

Ergänzungen zu Tafel 12

Die Konstanthaltung mehrerer Variablen erfolgt durch mehrfache Benutzung der Tafel. Die Ausschaltung zweier Größen v_1 und v_2 erfolgt nach der Formel (Yule)

$$r_{xy \cdot v_1 v_2} = \frac{r_{xy \cdot v_1} - r_{xv_2 \cdot v_1} \cdot r_{yv_2 \cdot v_1}}{\sqrt{(1 - r^2_{xv_2 \cdot v_1}) \cdot (1 - r^2_{yv_2 \cdot v_1})}}.$$

Entsprechend geht nach erfolgter Ausschaltung von $(i-1)$ Variablen $v_1, \ldots v_{i-1}$ die Ausschaltung der i-ten Variablen nach der Formel

$$r_{xy \cdot v_1 \cdots v_{i-1} v_i} = \frac{r_{xy \cdot v_1 \cdots v_{i-1}} - r_{xv_i \cdot v_1 \cdots v_{i-1}} \cdot r_{yv_i \cdot v_1 \cdots v_{i-1}}}{\sqrt{(1 - r^2_{xv_i \cdot v_1 \cdots v_{i-1}}) \cdot (1 - r^2_{yv_i \cdot v_1 \cdots v_{i-1}})}}$$

vor sich. Man ordnet die Rechnung der Ausschaltung von i Variablen so an, daß man zunächst alle einfachen Korrelationskoeffizienten zwischen den $(i+2)$ Variablen berechnet, dann alle partiellen Korrelationskoeffizienten, in denen die erste auszuschaltende Variable (v_1) ausgeschaltet ist, also

$$r_{xy \cdot v_1}, \quad r_{xv_2 \cdot v_1}, \quad r_{xv_3 \cdot v_1}, \quad \ldots, \quad r_{yv_2 \cdot v_1}, \quad \ldots$$

Aus diesen werden alle partiellen Korrelationskoeffizienten zweiten Grades gebildet, in denen die zwei ersten auszuschaltenden Variablen (v_1 und v_2) ausgeschaltet sind, also

$$r_{xy \cdot v_1 v_2}, \quad r_{xv_3 \cdot v_1 v_2}, \quad r_{xv_4 \cdot v_1 v_2}, \quad \ldots, \quad r_{yv_3 \cdot v_1 v_2}, \quad \ldots$$

Man vergrößert also schrittweise die Zahl der hinter dem Punkt stehenden ausgeschalteten Variablen und kombiniert vor dem Punkt die noch verbleibenden in jeder Zusammenstellung, bis man zum gesuchten Ergebnis gekommen ist.

Tafel 13. Streuungszerlegung (nach R. A. Fisher)

Bei der Methode der Streuungszerlegung (S. 12) werden verschiedenartige Fragestellungen auf einen Vergleich mehrerer Schätzungen einer mittleren Abweichung σ zurückgeführt. Weisen alle Werte des Materials nur Zufallsschwankungen auf, so dürfen die σ-Schätzungen ebenfalls nur Zufallsschwankungen untereinander zeigen.

Zwei Bestimmungen σ_1 und σ_2 der mittleren Abweichung einer Gesamtheit aus Stichproben unter Verwendung von m_1 und m_2 Freiheitsgraden dürfen zufallsmäßig nur so weit voneinander abweichen, wie die Tafel 13 angibt. Der Bestimmung der Grenzen liegt wieder die Überschreitungswahrscheinlichkeit $\varepsilon = 0{,}0027$ zugrunde. Man nimmt den größeren σ-Wert als σ_1 und bildet den Quotienten $Q = \sigma_1 : \sigma_2$. Dann geht man von m_1 auf der horizontalen Skala aus, verfolgt diesen Wert nach oben bis zum Schnitt mit der für m_2 geltenden Kurve und liest an der vertikalen Skala als Ordinate des Schnittpunktes den erlaubten Höchstwert für Q ab. Überschreitet das beobachtete Q die Grenze, so ist ein echter Unterschied zwischen σ_1 und σ_2 als statistisch nachgewiesen anzusehen.

Die Formeln für das Rechenschema in den einfachsten Fällen sind auf S. 12—13 angegeben.

Beispiel 28. Auf S. 13 wurde eine Tabelle über den Zusammenhang zwischen dem Einkommen und der Kinderzahl in den Ehen thüringischer Beamter angegeben und als Beispiel für das Verfahren der Streuungszerlegung durchgerechnet. Es ergab sich $\sigma_1^2 = 14{,}0$ und $\sigma_2^2 = 2{,}14$, also $Q = 2{,}56$. Die Zahl der Freiheitsgrade ist $m_1 = 3$, $m_2 = 2438$. Zur Ablesung des höchst zulässigen Q-Wertes in Tafel 13 geht man von $m_1 = 3$ auf der Horizontalskala aus und verfolgt diesen Wert bis zum Schnitt mit der (nicht gezeichneten) Kurve für $m_2 = 2438$. Die in der Vertikalskala gemessene Ordinate des Schnittpunktes beträgt etwa $Q = 2{,}17$. Da das beobachtete Q größer ist, ist ein echter Unterschied „zwischen den Einkommengruppen" sichergestellt — und damit eine Beziehung zwischen Einkommen und Kinderzahl am vorliegenden Material.

Beispiel 29. Bei einem Sortenanbauversuch mit 5 Sorten Kartoffeln sei das Versuchsfeld schachbrettartig in 5×5 Parzellen eingeteilt. Um die Bodenungleichmäßigkeiten auszuschalten, seien die 5 mit A, B, C, D, E bezeichneten Sorten so auf das Feld verteilt, daß in jeder horizontalen Reihe und in jeder vertikalen Spalte jede Sorte genau einmal vertreten ist (vgl. die Tabelle). Es soll geprüft werden, ob sich Ertragsunterschiede zwischen den Sorten statistisch sicherstellen lassen. Dieser Nachweis soll durch die Widerlegung der Gegenhypothese erbracht werden, nach welcher die Ertragsunterschiede zwischen den Sorten nicht größer seien als die sonstigen — zufälligen — Unterschiede zwischen den Einzelparzellen. Die Sortenverteilung auf dem Versuchsfeld und die Erträge seien in einer Tabelle wiedergegeben.

					Mittel
A 88	B 84	C 76	D 75	E 80	80,6
B 77	E 82	D 71	A 85	C 80	79,0
C 71	A 81	E 76	B 83	D 73	76,8
E 72	D 73	B 79	C 76	A 79	75,8
D 67	C 75	A 76	E 74	B 72	72,8
Mittel 75,0	79,0	75,6	78,6	76,8	77,0

Für die fünf Sorten ergeben sich folgende Mittelwerte: A: 81,8, B: 79,0, C: 75,6, D: 71,8, E: 76,8. Das Quadrat der mittleren Abweichung aller Einzelwerte vom Gesamtmittel 77,0 beträgt $612 : 24 = 25{,}50$. Bildet man nun eine Schätzung des gleichen Abweichungsquadrates auf Grund der Unterschiede zwischen den Reihenmitteln, ferner zwischen den Spaltenmitteln und schließlich zwischen den Sortenmitteln, so erhält man folgende Zerlegung der Gesamtstreuung in die Einzelkomponenten (vgl. S. 13):

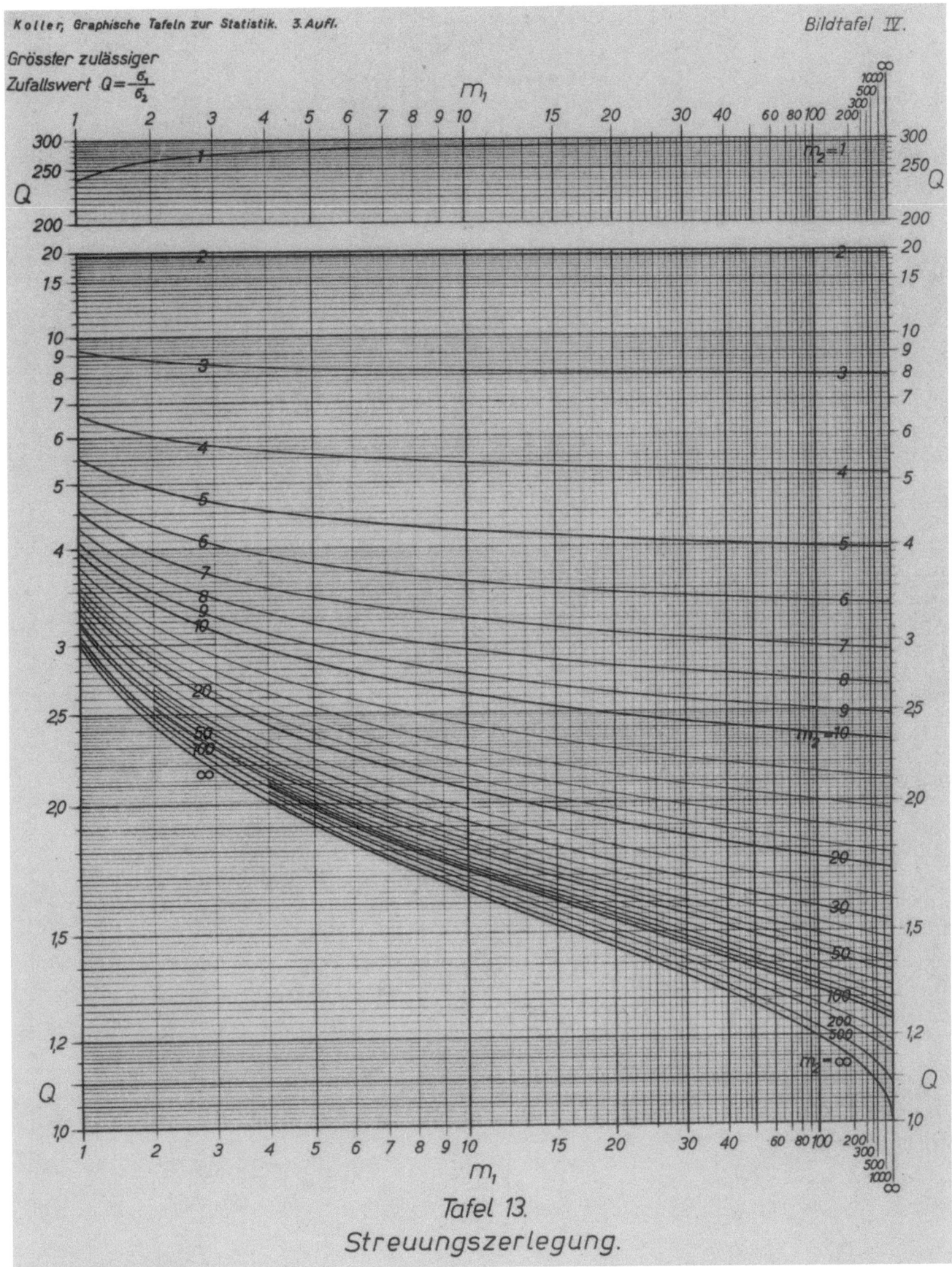

Tafel 13.
Streuungszerlegung.

Tafel 13. Streuungszerlegung (nach R. A. Fisher) 67

Grundlagen der Tafel 13

In einer Grundgesamtheit möge Normalverteilung vorliegen. σ_1 und σ_2 seien zwei Schätzungen der mittleren Abweichung in dieser Gesamtheit unter Benutzung von m_1 und m_2 Freiheitsgraden. Ferner sei

$$\xi = \frac{\sigma_1}{\sigma_2}\sqrt{\frac{m_1}{m_2}}.$$

Dann ist nach R. A. Fisher die Wahrscheinlichkeit, daß ein bestimmter Wert ξ' zufällig überschritten wird,

$$\frac{2 \cdot \frac{m_1 + m_2 - 2}{2}!}{\frac{m_1-2}{2}! \; \frac{m_2-2}{2}!} \int_{\xi'}^{\infty} \frac{\xi^{m_1-1}}{(\xi^2+1)^{\frac{m_1+m_2}{2}}} d\xi.$$

Dieser Ausdruck wurde gleich $\varepsilon = 0{,}0027$ gesetzt und nach ξ' als Funktion von m_1 und m_2 aufgelöst. Als Ordinate der Zeichnung wurde $Q = \frac{\sigma_1}{\sigma_2}\left(= \xi'\sqrt{\frac{m_2}{m_1}}\right)$ gewählt. Ausgehend von den exakt ausgewerteten (m_1, m_2)-Kombinationen wurden Zwischenwerte durch graphische Interpolation ermittelt, wobei sich die Differenzen von log nat $\frac{\sigma_1}{\sigma_2}$ nach der hier zugrunde gelegten Abgrenzung und den auf der Abgrenzungsziffer 0,01 beruhenden Werten der Fisher'schen Tafel als zweckmäßige Interpolationsfunktionen erwiesen.

Das Vorliegen einer Normalverteilung wird zwar bei der Ableitung der Verteilungsfunktion vorausgesetzt, aber es hat sich gezeigt, daß auch die allgemeinere Anwendung bei nicht gerade extrem starken Abweichungen von der Normalform berechtigt ist.

Fortsetzung von Seite 64.

	Zahl der Freiheitsgrade	Summe der Abweichungsquadrate	σ-Schätzung
zwischen den Reihen	4	180,4	
zwischen den Spalten	4	62,8	
zwischen den Sorten	4	280,4	8,37 = σ_1
Rest	12	88,4	2,71 = σ_2
zusammen	24	612,0	5,05

Die insbesondere zwischen den horizontalen Reihen bestehenden Bodenunterschiede kommen in der hohen Summe der Abweichungsquadrate zum Ausdruck und können als Störungsquellen aus der eigentlichen Ertragsprüfung ausgeschaltet werden. Diese besteht in dem Vergleich der zwischen den 5 Sorten bestehenden Unterschiede mit dem restlichen — nicht auf die durch Reihen- und Spaltenunterschiede erfaßten Bodenungleichheiten und nicht auf die Sorten zurückführbaren, also „zufälligen", — Teil der Ertragsschwankungen. Die rechnerische Vergleichsbasis ist die σ-Schätzung, welche bei Homogenität der Reihe, also Ertragsgleichheit der Sorten, zu gleichen σ-Werten führen müßte. Tatsächlich ist $Q = \sigma_1 : \sigma_2 = 3{,}09$. Die Tafel 13 ergibt für $m_1 = 4$ und $m_2 = 12$ Freiheitsgrade einen im Sinne der Zufallshypothese erlaubten Höchstwert von 2,76 für Q. Da dieser im Beispiel klar überschritten ist, können echte Ertragsunterschiede zwischen den Sorten angenommen werden.

Ohne die Versuchsanordnung, durch welche die in den Reihen und Spalten erfaßbaren Bodenungleichheiten ausgeschaltet werden konnten, hätte man die Sortenunterschiede nicht sicherstellen können, da dann dem $\sigma_1 = 8{,}37$ ein $\sigma_2' = \sqrt{\frac{331{,}6}{20}} = 4{,}07$ mit $m_2' = 20$ Freiheitsgraden als Reststreuung gegenübergestanden hätte. Das $Q' = \frac{\sigma_1}{\sigma_2'} = 2{,}06$ ist erheblich kleiner als der zugehörige Grenzwert 2,43.

V. Anhang: Die Normalverteilung

Tafel 14. Ordinaten der Normalverteilung

Auf den linken Seiten der fünf Doppelskalen befindet sich eine t-Einteilung. Auf den rechten Seiten sind die Ordinaten $\varphi(t)$ angegeben, die zum t-fachen der mittleren Abweichung σ gehören. Die Ordinate des Maximums, gleichzeitig des Mittelwertes und des Nullpunktes der t-Einteilung, hat den Wert 0,3989423.

Will man durch eine gegebene Häufigkeitsverteilung eine Normalkurve hindurchlegen, so müssen die Tafelwerte $\varphi(t)$ mit dem Faktor $\dfrac{b}{\sigma}$ multipliziert werden, wobei b die Breite der Klassen und σ die mittlere Abweichung der gegebenen Verteilung bedeutet.

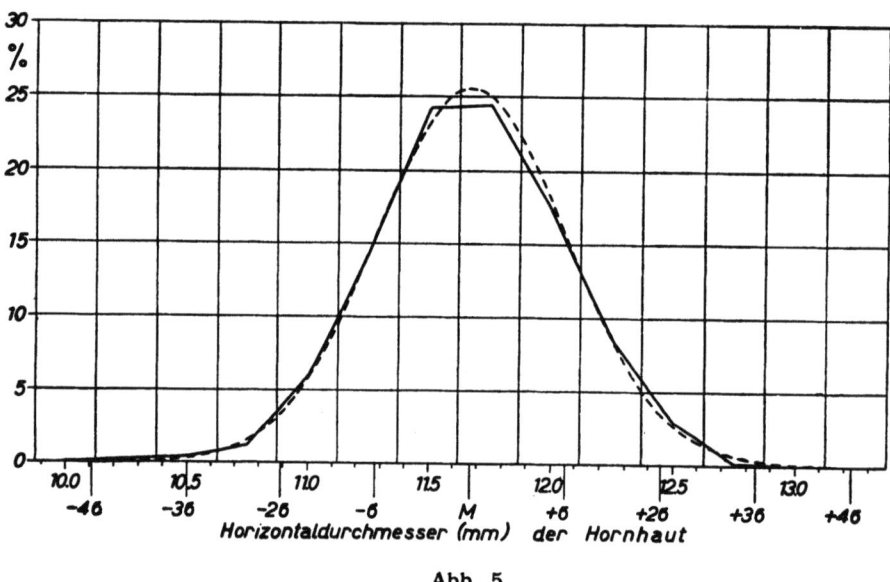

Abb. 5

Beispiel 30: Die Verteilung von Abb. 5 (Peter) soll durch eine Normalverteilung ausgeglichen werden. Der Mittelwert ist M = 11,67 mm, die Klassenbreite beträgt b = 0,25 mm und die mittlere Abweichung σ = 0,390 mm. Der konstante Faktor, mit dem die Tafelwerte zu multiplizieren sind, ist $\dfrac{b}{\sigma}$ = 0,641. Man erhält so die Maximumsordinate als 25,57%; die Ordinate für 0,9 σ (also t = 0,9), d. h. für die Messungsgrößen 11,32 mm und 12,02 mm, als 0,2661 · 0,641 = 17,06% usw.

Vielfach ist es zweckmäßig, für mehrfache Vergleiche die Normalkurve nicht jedesmal neu den jeweiligen Zahlenwerten anzupassen, sondern die Normalkurve auf durchsichtigem Papier in festem Maßstab zu zeichnen und die Vergleichsverteilungen in ihrer Zeichengröße diesem Maßstab anzupassen. Wählt man z. B. für die Normalkurve die Abszisseneinheit = 2,5 cm, die Maximumsordinate = $^1/_4$ · 0,3989 m = 9,97 cm, so ist bei den Vergleichsverteilungen die Zeicheneinheit der Abszisse aus der Gleichung σ = 2,5 cm (= 0,390 mm in obigem Beispiel) als 1 mm (Beobachtungsmaß) = 6,41 cm (in der Zeichnung) zu errechnen; die Zeicheneinheit 1% der Ordinate ist $\dfrac{\sigma}{b}$ · 0,25 cm (im Beispiel 0,39 cm). Abb. 5 zeigt diese Maße auf die Hälfte verkleinert.

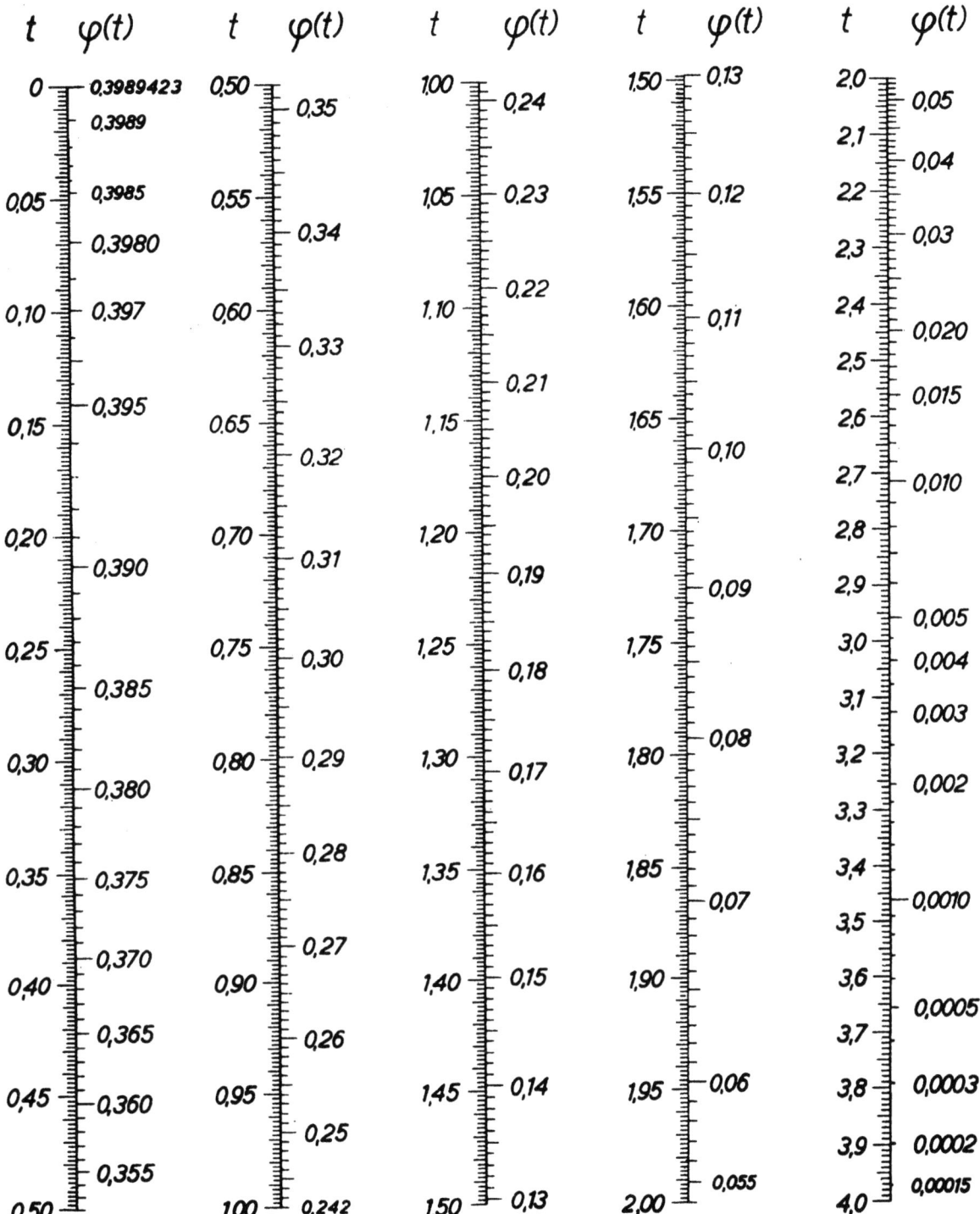

Tafel 14. **Ordinaten der Normalverteilung.**

Grundlagen der Tafel 14

Es ist

$$\varphi(t) = \frac{1}{\sqrt{2\pi}} \cdot e^{-\frac{1}{2}t^2},$$

wobei $t = \frac{x}{\sigma_x}$ ist. Der Zeichnung liegen die Tabellenwerte von Pearson-Elderton zugrunde, sowie berechnete Zwischenwerte.

Tafel 15. Flächenwerte (Wahrscheinlichkeiten) der Normalverteilung

Auf den linken Seiten der fünf Doppelskalen befindet sich eine t-Einteilung (Vielfache der mittleren Abweichung σ), rechts sind die dazugehörigen Flächen F(t) angegeben, die von der Ordinate des Mittelwertes (Nullpunktes der t-Einteilung), der x-Achse, der Normalkurve und den Ordinaten der gegebenen t-Werte begrenzt werden (vgl. Abb. 6).

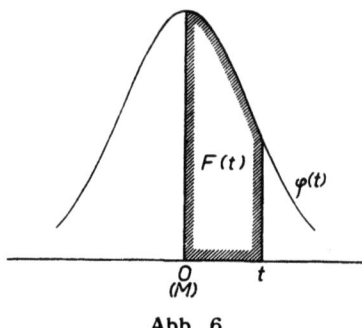

Abb. 6

Beispiel: Mit welcher Wahrscheinlichkeit wird das Dreifache von σ nach oben oder unten überschritten? Die Tafel ergibt zu t = 3,00 ein F(t) = 0,49865. Die Wahrscheinlichkeit, nach oben zu überschreiten, ist 0,5—0,49865 = 0,00135, die gesuchte Wahrscheinlichkeit doppelt so groß, also 0,0027.

Beispiel 31: In Beispiel 30 sollen die den einzelnen Intervallen zukommenden Wahrscheinlichkeiten der Normalverteilung berechnet werden. Man erhält die Fläche einer von t_1 bis t_2 reichenden Klasse durch Subtraktion $F(t_2) - F(t_1)$, wobei t_2 die weiter vom Mittelpunkt entfernte Klassengrenze sei; nur in der Mittelklasse, in der M liegt, sind die beiden F(t)-Werte zu addieren. Für das Beispiel ergibt sich:

Klassen	Klassengrenzen Beob.-Skala	σ-Skala	Fläche	Klasseninhalt	Beobachtungswert
unter 10,375	0	$-\infty$	0,5000		
10,375 bis unter 10,625	10,375	—3,321	0,4996	0,0004	0,002
10,625 bis unter 10,875	10,625	—2,679	0,4963	0,0033	0,004
10,875 bis unter 11,125	10,875	—2,038	0,4792	0,0171	0,012
11,125 bis unter 11,375	11,125	—1,397	0,4188	0,0604	0,061
11,375 bis unter 11,625	11,375	—0,756	0,2752	0,1436	0,143
11,625 bis unter 11,875	11,625	—0,115	0,0458	0,2294	0,242
11,875 bis unter 12,125	11,875	+0,526	0,2006	0,2464	0,245
12,125 bis unter 12,375	12,125	+1,167	0,3784	0,1778	0,174
12,375 bis unter 12,625	12,375	+1,808	0,4647	0,0863	0,086
12,625 und mehr	12,625	+2,449	0,4928	0,0281	0,029
	∞	$+\infty$	0,5000	0,0072	0,002

Ein sehr bequemes graphisches Verfahren für den Vergleich einer gegebenen Verteilung mit einer Normalverteilung besteht in der Eintragung der Summenkurve (Häufigkeiten vom unteren Ende an schrittweise aufsummiert) auf Koordinatenpapier mit Wahrscheinlichkeitseinteilung gemäß der Normalkurve[1]). Eine echte Normalkurve wird hierbei in eine gerade Linie verwandelt. Das Verfahren gibt einen sehr schnellen Überblick, ist aber für einen zahlenmäßigen Vergleich in den Mittelklassen zu ungenau.

[1]) Fa. Schleicher & Schüll, Düren, Rhld. (Nr. 298$^1/_2$ mit mm-Teilung der Abszisse, Nr. 297$^1/_2$ mit logarithmischer Teilung).

Tafel 15. Flächenwerte (Wahrscheinlichkeiten) der Normalverteilung

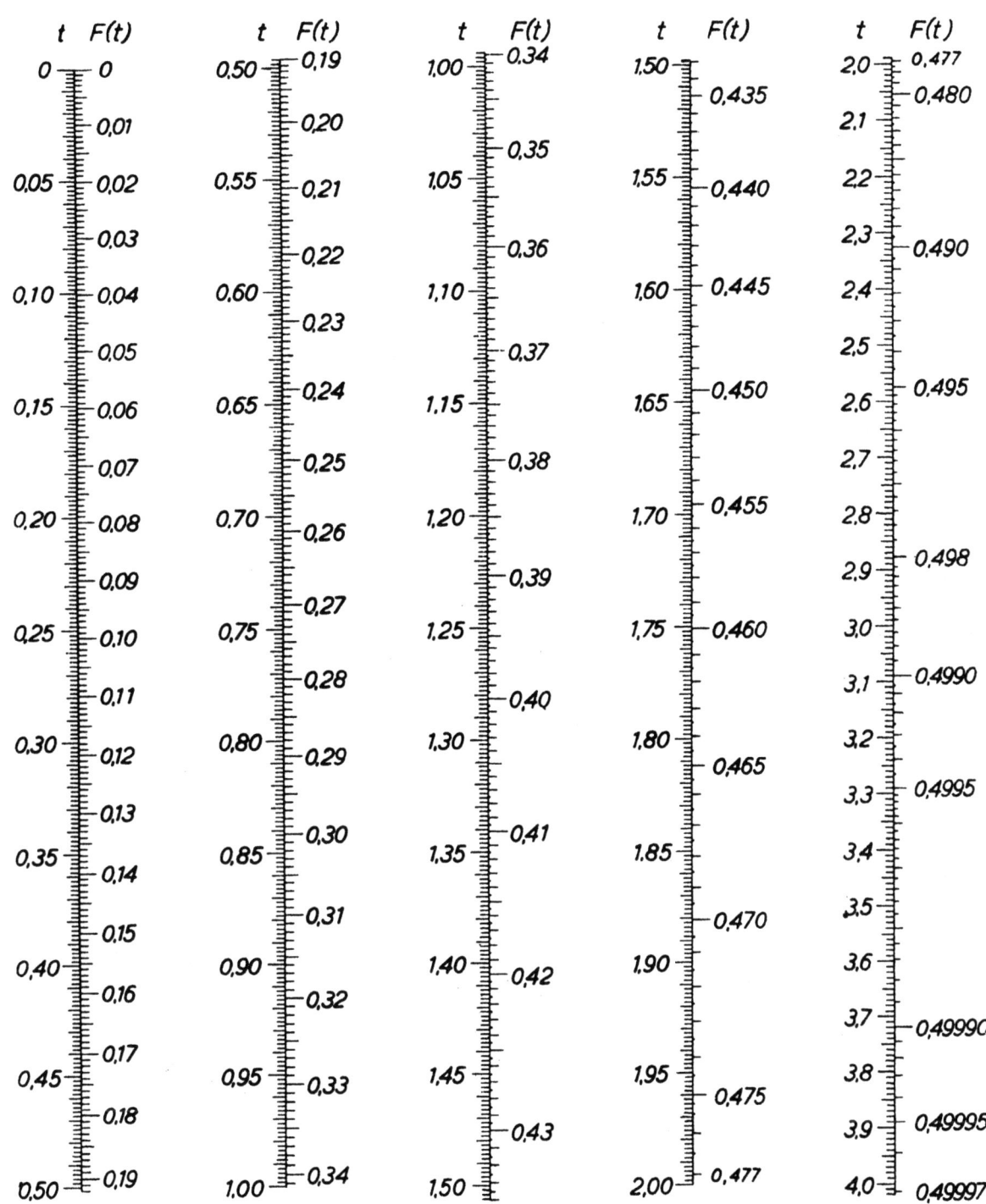

Tafel 15. **Flächenwerte (Wahrscheinlichkeiten) der Normalverteilung.**

Die Thermodynamik
des Wärme- und Stoffaustausches in der Verfahrenstechnik
von Dr.-Ing. WERNER MATZ-Frankfurt/M.-Höchst

Band 1: Textteil

XVI, 355 Seiten mit 114 Abb. (1949) Brosch. DM 26.—, geb. DM 28.—

Band 2: Aufgabensammlung

XII, 138 Seiten mit 29 Abb. (1953) Brosch. DM 16.—, geb. DM 18.—

Man kann es nicht warm genug begrüßen und es als eine Tat bezeichnen, die dem Verfasser zur Anerkennung gereicht, wenn er ein Werk verfaßte, das allen auf dem Gebiet der Verfahrenstechnik arbeitenden Ingenieuren alle neuen Betrachtungsweisen und Darstellungsarten der Vorgänge des Stoff- und Wärmeaustausches unter Berücksichtigung der im Auslande gewonnenen Erkenntnisse in einem geschlossenen Ganzen brachte.   *Seifen-Öle-Fette-Wachse*

Thermodynamische Grundlagen der physikalischen Chemie
von Dr.-Ing. HERMANN SCHUNCK-Bonn

Etwa XII, 270 Seiten mit 108 Abb. (1953) Brosch. ca. DM 25.—

Wenn der Leser den Inhalt dieser kleinen Schrift im wesentlichen in sich aufgenommen hat, wird er eine Fertigkeit erlangt haben, die heute in Deutschland unter Chemikern und Ingenieuren nicht allzu häufig anzutreffen ist, nämlich die Fertigkeit, thermodynamische Berechnungen auf Grund der Normalenthalpien und Normalentropien durchzuführen.

Einführung in die Stöchiometrie
von Prof. Dr. PAUL NYLÉN-Stockholm und Dr. NILS WIGREN-Visby

5. und 6. Auflage

XII, 218 Seiten mit 2 Abb. (1952) Kart. DM 12.—

Dieses Lehrbuch des elementaren chemischen Rechnens kann allen Hochschulstudierenden der ersten Semester, Chemotechnikern und Laboranten, wärmstens empfohlen werden; die klare, pädagogisch sehr geschickte Darstellung ermöglicht ein instruktives und gleichzeitig intensives Bekanntwerden mit den wichtigsten chemischen Grundgesetzen.   *Zeitschrift für Naturforschung*

Kolloid-Zeitschrift

Zeitschrift für reine und angewandte Kolloidwissenschaft

Organ für das Gesamtgebiet der wissenschaftlichen und technischen Kolloidchemie und Kolloidphysik

Herausgegeben von

Prof. Dr. LOTHAR HOCK-Marburg und Prof. Dr. F. HORST MÜLLER-Marburg

Patentteil: Prof. Dr. J. REITSTÖTTER-München

Die Zeitschrift erscheint monatlich mit 1–2 Heften im Umfang von 3–4 Druckbogen. 3 Hefte bilden einen Band. Preis des Bandes DM 24.—. Jährlich erscheinen 5 Bände. 1953 erscheint Band 130–134. Die Mitglieder der Kolloid-Gesellschaft erhalten die Zeitschrift mit 20% Ermäßigung.

Der Inhalt der Zeitschrift gliedert sich in Originalarbeiten aus dem Gesamtgebiet der reinen und angewandten Kolloidwissenschaft, wissenschaftliche Kurzberichte, Patentberichte, Buchbesprechungen und einen sorgfältig redigierten umfangreichen Referatenteil, der die Zeitschrift zum unentbehrlichen Nachschlagewerk werden läßt. — Ausführlicher Prospekt steht auf Wunsch kostenlos zur Verfügung.

VERLAG VON DR. DIETRICH STEINKOPFF · DARMSTADT

Das Wetter und seine Ursachen

Neuere Erkenntnisse vom Wettergeschehen

von Dr. Hans-Joachim aufm Kampe-Fort Monmouth, N. J.

VIII, 164 Seiten mit 129 Abb. (1951) Brosch. DM 20.—, geb. DM 22.—

Das Buch von aufm Kampe... gibt in knapper Form eine Einführung in die Meteorologie, bedient sich aber vielfach der mathematischen Darstellung und behandelt das Gebiet in modernster Weise unter Berücksichtigung der neuesten Erkenntnisse und Theorien... Diese übersichtliche Darstellung über die Entwicklung auf dem Gebiete der Meteorologie in den letzten zwanzig Jahren füllt zweifellos eine Lücke im Schrifttum.
Physikalische Blätter

Die ärztliche Beurteilung Beschädigter

von Dr. med. Georg Schöneberg-Bochum

unter Mitwirkung zahlreicher Spezialisten

XII, 352 Seiten. (1952) Brosch. DM 18.—, geb. DM 20.—

Durch das Bundesversorgungsgesetz sind nunmehr einheitliche Richtlinien für die Beurteilung Kriegsbeschädigter aufgestellt worden. Das vorliegende Buch füllt eine bisher vorhandene Lücke auf diesem für den Arzt und Gutachter so schwierigem Gebiet. Neben den bekannten Unterlagen von Lininger-Molineus „Der Rentenmann" und „Der Unfallmann" stellt der von Schöneberg herausgegebene Leitfaden ein unentbehrliches Nachschlagwerk dar für jeden in Begutachtungsfragen tätigen Arzt. Aber auch der allgemein praktizierende Kollege findet manche wertvollen Anregungen und Hinweise für die Betreuung und Beratung der ihm anvertrauten Patienten, unter denen sich heutzutage eine große Prozentzahl Versehrter befindet.
Ärztliche Forschung

Archiv für Kreislaufforschung

Beihefte zur

Zeitschrift für Kreislaufforschung

Herausgegeben in Verbindung mit zahlreichen Fachgelehrten

von Prof. Dr. K. Spang-Stuttgart.

Das Archiv erscheint zwanglos nach Bedarf in einzelnen Heften verschiedenen Umfangs. 12 Hefte (etwa 25 Druckbogen = 400 Seiten) bilden einen Band. Im Jahr erscheinen etwa 1—1½ Bände. Preis des Bandes DM 48.—. 1953 erscheint Band 19. Mitglieder der Deutschen Gesellschaft für Kreislaufforschung erhalten 20% Ermäßigung.

Das Archiv bringt vorwiegend monographische Arbeiten und Forschungsergebnisse experimentellen, klinischen und statistischen Inhalts, sowohl einzelner wichtiger Teilprobleme als auch in Querschnitten über die bisher geleistete wissenschaftliche Arbeit.

Zentralblatt für Arbeitsmedizin und Arbeitsschutz

Herausgegeben von der

Deutschen Gesellschaft für Arbeitsschutz e. V., Frankfurt am Main

Hauptschriftleitung:

Dr. Edwart Mager-Freiburg i. Br.

Die Zeitschrift erscheint jeden zweiten Monat im Umfang von 32 Seiten (Format Din A 4). 6 Hefte bilden einen Band zum Preise von DM 20.—. 1953 erscheint Band 3.

Als Sammelorgan für Arbeitsmedizin, Gewerbe- und Sozialhygiene, Arbeitsschutz und Sozialrecht informiert die Zeitschrift in Originalarbeiten und vielseitigen Referaten rasch und präzis über die Erfahrungen der Praxis und Ergebnisse der Forschung auf dem neu erschlossenen Gebiet der Arbeitsmedizin und des Arbeitsschutzes. Ausführlicher Prospekt steht auf Wunsch kostenlos zur Verfügung.

VERLAG VON DR. DIETRICH STEINKOPFF · DARMSTADT